旧物新主张

塞子 著

中国财富出版社有限公司

图书在版编目（CIP）数据

旧物新主张 / 塞子著 . —北京：中国财富出版社有限公司，2021.12
ISBN 978-7-5047-7493-4

Ⅰ . ①旧…　Ⅱ . ①塞…　Ⅲ . ①手工艺品—制作　Ⅳ . ① TS973.5

中国版本图书馆 CIP 数据核字 (2021) 第 152814 号

策划编辑　朱亚宁　　**责任编辑**　朱亚宁
责任印制　梁　凡　　**责任校对**　卓闪闪　　**责任发行**　杨恩磊

出版发行	中国财富出版社有限公司		
社　　址	北京市丰台区南四环西路 188 号 5 区 20 楼	**邮政编码**	100070
电　　话	010-52227588 转 2098（发行部）		010-52227588 转 321（总编室）
	010-52227566（24 小时读者服务）		010-52227588 转 305（质检部）
网　　址	http://www.cfpress.com.cn	**排　　版**	利宏博识
经　　销	新华书店	**印　　刷**	河北环京美印刷有限公司
书　　号	ISBN 978-7-5047-7493-4/TS・0114		
开　　本	710mm × 1000mm　1/16	**版　　次**	2022 年 1 月第 1 版
印　　张	12.75	**印　　次**	2022 年 1 月第 1 次印刷
字　　数	154 千字	**定　　价**	68.00 元

一本书一定要有前言吗?

省些口舌，省些时间，省两页纸，“开卷见文”不好吗?

吭哧了一周，第一次写书的我漫无目的地翻看了书架上十几本书的前言，才发现之前我认为无用的前言原来也另隐乾坤。仿佛旧物一般，我认为它无用，所以它差点和我“错过”，当我知道了它的好，“珍惜”一词才随之浮现。

所以，既然都看到这里了，请继续往下看，我保证它与之后的12篇内容基本无关，这段文字说明的仅仅是出版这本书的一点意义。在电子阅读大行其道的当下，文字的传播可以通过复制、粘贴、收藏、转发、扫描、复印等方式得以实现，而轻松易得的文字似乎显得少了些许分量。承载文字的“书”也是传播的一部分，也有存在的意义。

这一次，一本书即便模糊了所有文字，仍有它要传递的精神!

于是，我干脆把交第一稿时写给编辑的邮件放到这里，这是本书最好的说明书。

致编辑的一封信

亚宁，你好！

随邮件附上一封说明书，也算是我的请愿书。

1. 纸张。封面和内页都请选用再生纸。

2. 封面。烦请转达美编只留下最简单的元素就好，护封、腰封、环衬都舍了吧。更苛求些，其他能舍的都舍了，我会举双手双脚赞成。“专业”不是为一成不变而去学的，破了常规仍旧顺眼才显“专业”。

3. 印刷。请优先考虑对地球和读者更为友好的植物油墨，如大豆油墨。

4. 塑封。力行“减塑”甚至“净塑”，但图书若没有防潮、防水、防尘这些保护措施也不现实。这样，一来决不过度包装，二来请选用可降解膜。

5. 纸箱。纸是可回收再生资源，但是用来打包封箱的塑料胶带会造成环境污染，请尽量选用拉链纸箱。

6. 填充。如果有这方面的需求，请考虑气枕、玉米淀粉等可降解缓冲包装材料。

塞子　上

2020 年 7 月 1 日

目录

ReStore

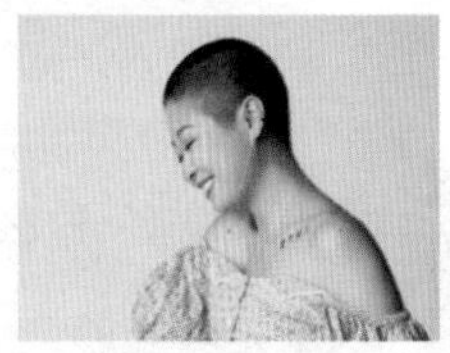

厨余，给你点颜色看看

宜酒宜诗，宜晴宜雨，无处是无春处

旧物

新 主 张

我叫张莉，很大众化的一个名字，在中国有很多很多个叫“张莉”的人。我祖籍河北，从小在北京长大，不能完全算北京人，也不能完全算河北人，都只能算是半个。

我大学学的是服装设计专业，当时，学校叫“中央工艺美术学院”，专业多是偏工业化的实用美术。那会儿，不像现在有这么多相关院校和专业的选择，我想学服装设计，这里就是首选。毕业后，也一直从事我喜欢的这一行。

回忆中，其实我是一直对花草无感的人，从还是小姑娘的时候就是这样，邻家女孩儿过家家、玩娃娃、摘朵小花、弄把小草……这些我都没什么兴趣。我最喜欢的就是和一大帮小伙伴儿去野地里疯跑，现在想来，还是那种漫无目的的疯跑。

那时的野地是我的乐园，在我脚下延展。没想到，时光荏苒，而立之后，野地再次成为我的乐园，只不过成了我手中的一抹色彩。

暖帘

一个提议

溯源的话，最早还是我家先生提出来让我玩植物染的。他第一次带起这个话题，是在 2009 年。因为他的工作与中国画、书法有关，所以自然而然对传统的“美”特别感兴趣，看到中国画里一些非常漂亮的传统色彩，想到旧时染布用的各种天然染料靓丽又神奇，和我的行当还有些关联，就三不五时成了我们夫妻闲聊的话题。

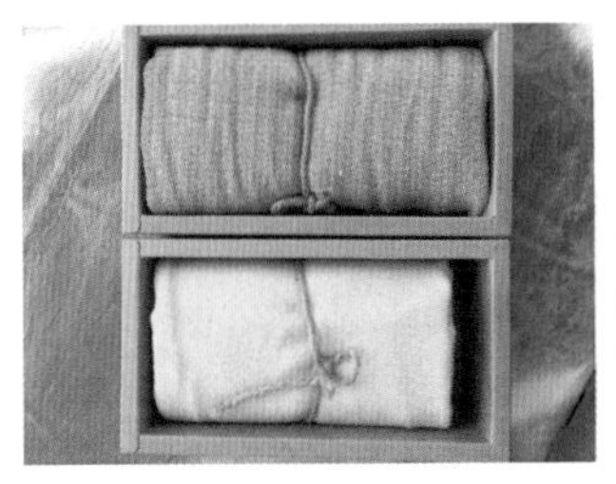
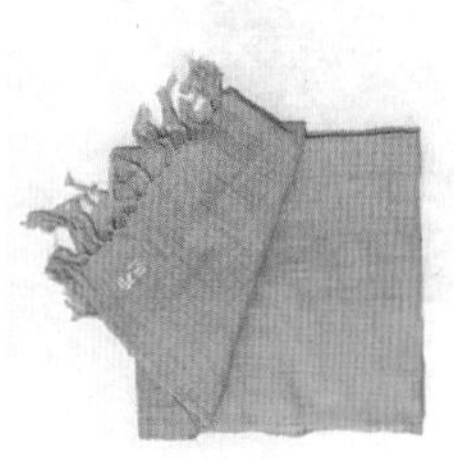

植物染作品

“你可以试试传统的植物染吗？”这是他第一次正式提议，是在 2015 年。

我觉得挺有意思，但也就是听他那么一说，从未动心要真正做这个事。我先生虽说心里痒痒，也不好太絮叨，就过一段时间提议一下，再过一段时间再提议一下……一直撺掇我“玩”起来。

就这样，两三年过去了。突然，某一天，我想我可以试一试，就这样一个激灵地开始了。

我先是上网查资料，看到有位大师级的染色老师叫黄荣华，中国天然染色第一人、非遗项目“传统植物染料染色”项目传承人、我国当代植物染料和植物染色领域的开山人物……每一个身份都让我心里一动。后来我又听朋友说，黄老师有一个工作室叫国染馆，要是能去

第二件作品

看看就美了。但转念一想，我这么一个零基础的小人物，去找人家大师级的大人物请教，难于上青天，不敢造次。偶然一次逛宋庄，途经国染馆，又有同行朋友壮胆，我决定进去碰碰运气。

黄老师那天正好在国染馆，特别亲切地招呼我们到处看看，一边看一边聊天，这幸福来得太突然，我只记得自己高兴得溢于言表，黄老师说了什么似乎都没太记住。这一次偶遇，打消了我的畏惧。后来听说国染馆开了学习班，我赶紧报名跟黄老师学艺，课堂上的老师仍旧那样亲切，我们问什么，他都会很热心地教。

这之前，知道有植物染这么个事儿，但实实在在接触很少，亲自动手做更是没想过。植物与染色，在我头脑中翻腾着。原本想象中的唯美精纯色彩，和老师每每拿出来的葡萄皮、洋葱皮……真是天上地下的落差。黄老师路过一棵树，会静静地拾起落叶，这些落叶便成了我们这一节课的染材。教室门前是黄老师种的爬山虎，他会仔细摘下藤蔓上的小果子，这些浆果便成了我们下一节课的染材，这些都是很好的染材。这段时光，那些让我始知岁月静好的淡抹色彩，也足以令人怦然心动。

我完成了自己的第一件作品——葡萄皮染就的一条围巾，淡淡的紫色，特别漂亮。

一年四季

我眼中的花花世界，从此陡然变得清晰起来。那感觉就像，它在，但却又不在我的焦距以内，只是画面中模糊的背景。

学习了植物染之后，我看见了花花草草，看见了时令冷暖，看见了四季更迭。蓦然，这个世界充满了神奇。一时间，我竟不知道该怎么招架了。

八月槐花香，走在大街上，我就看着这些树，盯着一串串槐花。想着，掉落的时候，我就去捡一些。惦记着花开花落的日子，过得很充盈，转眼间树下就有了很多掉下来的槐花。

我家离紫竹院公园不远，公园的湖里种了好多荷花，之前赏赏花也就罢了。可现在的我，望着尖尖角，闻着荷花香，心里却记挂着秋天的荷叶。秋日的一天，再去湖边溜达，正好碰见管理人员割了好多残荷，铺了满满一岸。眼前这情景，着实把我高兴坏了，赶忙征得人家同意，拎回家几大包的破败荷叶。回到家，整理着荷叶，上面斑斑驳驳的，不知道染出来会是怎样的色彩。试试吧：煮、染、漂洗，一番侍弄后，布料上竟然呈现出好看的鹅黄色，那颜色鲜

河边的荷叶

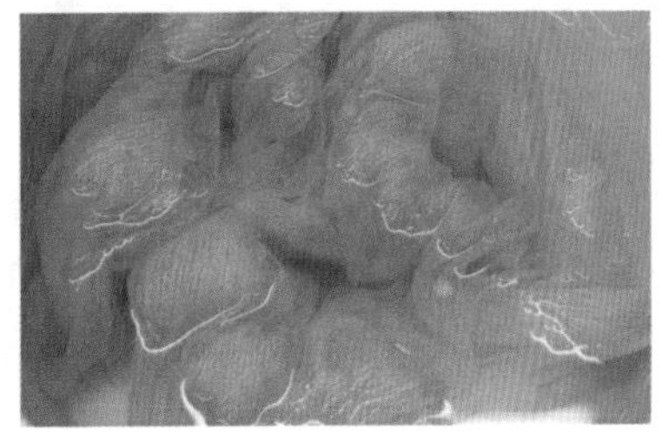

荷叶染成的作品

得真有一种出淤泥而不染的明快清透。

千日好的花败了，没马蹄的草枯了，在人们眼中或许它们已然废了，但对植物本身而言，还有籽，还有根，还有来年和未来，这些枯枝败叶只是它一季繁华之后留下的旧物。我要把这些旧物带回我们的生活之中，让大家重新领略植物另一世的美。

我做植物染的时候，每次都特别兴奋，因为有一样很神奇的旧物即将通过我的手被创造出来，得到新生。

我与身边的植物、与自己的生活，都变得更亲近了。游山玩水的时候，遇到一些不认识的植物，识别一下它的名字，了解一些它的简历。带回家一点点，尝试能不能用来染色？染出来是什么颜色？

一开始我还不是很熟悉，要去摸索各种植物和它的颜色，要去练习怎么能让颜色呈现得尽量稳定，要去尝试怎么把图案做得更养眼一点。起初的尝试，我就在家里建了一个小染缸，染一些小块面料。染布要用水，可我家上下水最方便的卫生间还不到3平方米，只得腾出门厅与厨房之间的一小片空地来折腾。

植物染过程 1

植物染过程 2

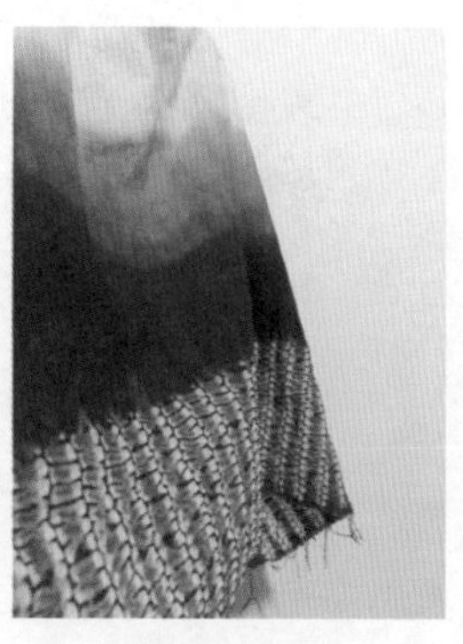
植物染过程 3

植物染过程 4

一点颜色

万物奇妙，总是会带给我惊喜，我预料不出个中变化，所以会特别期待这样“礼物”。

最开始接触蓝染，我掌握不好发酵蓝靛泥的规律，试了好长时间，颜色都调不好。要么过了，要么就不上色，染出来的都不是我想要的蓝。有时候突然变得灰乎乎的，看上去脏脏的；有时候因为碱多，染出来会泛黄；有时候酸碱度不到位，蓝色又吃不到布里，很容易掉色……就这样前前后后琢磨了大约半年，我才摸清了一些蓝靛泥的脾性，稍稍能将颜色稳定下来，染出了自己比较满意的蓝，并且不容易掉色。

除了发酵的蓝靛泥、枯败的花草，我也试着用美美的新鲜植物染色，看看有什么惊喜。有一次去山里玩，各种各样的野花野草漫山遍野。从中一个貌似牵牛花的小花骨朵莫名其妙地吸引了我的视线，我也不知道它叫什么名字，只有个念头冒出来——特别想用它染色。采了一点带回家，染出了很明亮的黄绿色，非常养眼。把余下的一点儿晾晒干了，再染出的颜色就没那么亮了，有一些灰，变成了另外一种颜色。那种灰是沉淀过后的灰，在我看来并不黯淡、空洞，里面似乎能望见内容，那就是它从山野间的花苞到城市里的染材这一段日子的经历。

每次做植物染，我都有一种变戏法的感觉，一半是我可预期的，一半则总是带给我惊喜。每一次，我都禁不住想象它染就的样子，可是当整个过程结束后，呈现出的又是另外一种样子，布料展开的一瞬间，总让人感觉有点兴奋，那种心情用语言说不清。

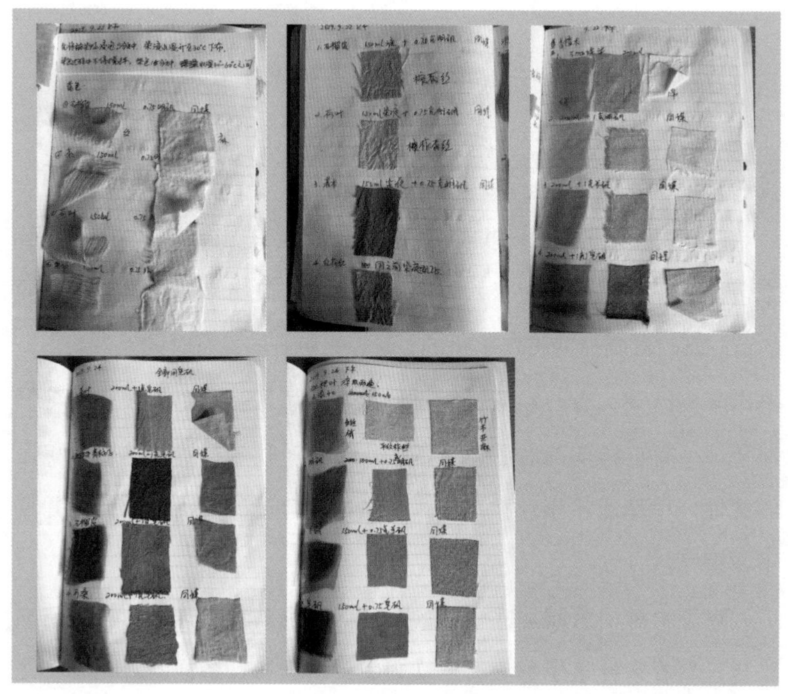

布样记录册

植物染的颜色随时都在变。即使查看了资料，或者我之前上手染过，同一种植物也会有不同的色彩呈现。他人种下的花和我院里的花，别人染的和自己染的，彼时染的和当下染的，都会有差别。经过水洗日晒，它会变；就算是同一种染材也会随着时间的推移慢慢幻化成另一番模样。

植物染中的一番历练让我明白，有些事是我们能控制的，而有些事只能是我们期待的。渐渐地，无论如何变化，它们都成为我喜欢的颜色。

一袋青皮

花朵开得鲜艳动人，但染到布上却未必还是一片锦绣。我试了很多次，发现鲜花的着色效果、渗透性、持久度都让我不是特别满意。反而是貌不惊艳的叶、根、茎、果实，染出来的颜色个性鲜明。甚至发现哪棵菜带着让我心动的颜色，我也会拿来尝试染些东西。

买回来的香椿，开水焯一下凉拌。看到焯香椿的水有颜色，就这样白白倒掉岂不可惜？我把布放进去尝试染一下，染出了好看的黄色。

去饭馆吃饭，见到有鲜榨石榴汁，就向服务员要了他们剥下来

洋葱皮染就的作品

晾晒的石榴皮

市场上的洋葱皮

的石榴皮，染出来的颜色有点像石榴皮上黄绿的那部分，又试了不同的媒染剂，呈现出的颜色也不尽相同。

我们社区里有一个菜店，经常有剥落的干洋葱皮，因为分量轻又干燥，我就拜托店主帮我留着。它成了我用得最多的厨余染料。

家里买的火龙果和山竹，艳丽的外皮不能吃，就留下来做染材，但量小，染不了大面积的作品，我就染小幅的餐垫、手帕。

每次喝完茶，我都会把茶叶渣尽数留下来，摊开晾干，慢慢积攒够了分量，做一次香气四溢的茶染。

听朋友说紫甘蓝也可以做染材，我去市场买菜时也捡了几片人家掰下来的叶片，试了试，着色不是很成功。

……

各种尝试，各种探索，乐趣无穷。感谢网络，如果没有它，我想我的尝试和学习可能会困难得多，其他人的尝试和经验根本看不到。现在，我不仅能看到国内的资料，还能通过很多国外的资讯来学习，日本、印度、非洲国家……世界各地的植物染色彩纷呈。

亲朋好友知道了我“果蔬店拾荒”的爱好，也开始帮我留意。

一位朋友住得离我不远，经常来我家串门，看到我用厨余染布，就默默在心里记下了这件“大事”。有一天，她突然告诉我，有一大麻袋核桃青皮被扔在了马路边的大树下。我俩立马开心地出发了，从一公里以外一起把那袋青皮拎了回来。捡回来的核桃皮一时半刻也用不完，我就把它们摊开来慢慢晾干。最后，仔细封到纸箱里，留着慢慢用。

青皮染出来的颜色特别好看，朋友也因此分外自豪，感觉自己真的捡到了宝。

一种拾荒

除了染材之外，几乎植物染所需要的所有物料都可以是旧物。

白色面料很容易泛黄，或者沾上一点点污渍就很明显，穿起来有点尴尬，可以用植物染重新着色，覆盖了旧色，换一种新颜，重新焕发一次光彩。这样，旧衣物通过植染也做了一次旧物告别。以前，东西一旧，很自然就被顺手扔掉了，我根本都不会想它的去处。而现在，所有东西在真正舍弃之前，我都会拿着琢磨几天，仔细看看它还能成为什么，把它留下来再用一用。

物料 1

物料 2

物料 3

旧物

新主张

物料——布

有时候我会做有图案的扎染，需要各种形状的夹板和夹子、各种粗细的小棍和绳子。所以，看到被人扔掉的板、棍、绳……我就拾起来，带回家清洗消毒后做扎染工具。之前的我，每次走过废品堆，看都不会多看一眼。现在却像在寻宝似的！一样别人不要的东西，通过我的智慧，通过我的技术，变成一个新东西，不再被扔掉，不再是垃圾，这种感觉很好！

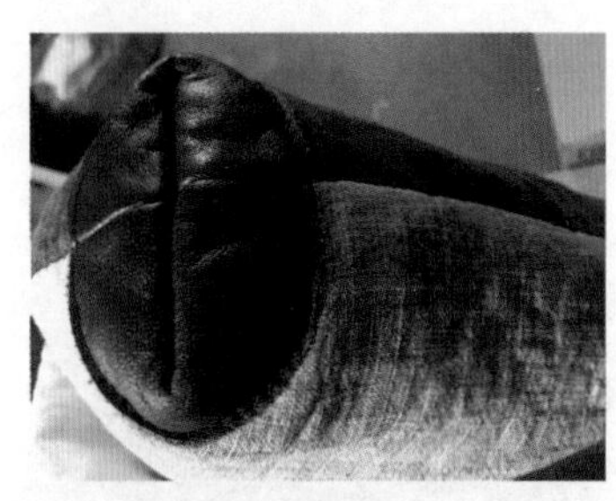
买家翻修——买家自己加皮革包角

染了色，还要固色，用到的媒染剂也可以是旧物。用带锈的铁器泡水，那锈水就可以为黄、橙、褐这一色系固色，铁锈也会呈现自己的一点颜色，叠加到原本的染色上。另外，我们厨房里的碱、醋都可以帮助固色，豆浆可以用来浆布以便更好地着色。

有一次我带着社区居民一起做植物染，用的是苏木，颜色看起来沉闷不起眼，而样子也是一些小条条、木渣渣。但最后染出的围巾，是透亮干净的粉色，让所有人眼前一亮，惊叹不已。围巾的主人更是爱不释手，直接围着它回家，逢人便说它是旧物新生的成果。

经过大家的劳动，厨余、旧物都得以展现出新的光芒，之后还有可能作为“新品”去往新的地方，开启新的境遇。

一个课堂

所有的东西，其实没有废或不废的区别，它们都有美好的一面等着我们去发现。

有人买了我染的一个包，背了两年，原本亮丽的黄色渐渐褪掉了，布面也磨得起了毛边，但是她特别喜欢这个包，舍不得扔，希望我能帮她想办法挽救一下。包寄回给我时，已经加了皮革的边角，我又帮她把袋口也相应包了皮边，一面加了植物染补丁，点缀了刺子绣。再次回到她手里的“新品”，令她喜出望外，更爱这个背包了。

越多地了解其中的妙趣，我的一个想法就越强烈——

我要把“自然的颜色”带到每个人的生活中，让更多的人体会与自然亲近的幸福感。

翻修的包——正面

植物染用的颜色取材于植物，被染的织物也是棉麻丝毛这些自然物。我想起一本书里说，健康饮食是“多吃神造的，少吃人造的”。所谓“神”就是滋养万物的天地与自然。植物染也如此，甚至很多染料来自厨房，与我们的饮食同源，想想都觉得分外安心舒坦。

再想到好多传统手工艺、亲近自然的生活方式都在慢慢没落，不由觉得太可惜了。很多好东西，正等着我们重新拾起来、传出去。

我去社区带动大家做厨余染，去学校给孩子们讲植物染，希望让更多的人知道它的好。开这门课的学校都是普通中学，并非织染类的专业学校，每星期一节课，通过动手学一些技艺，让孩子们对传统多一些了解，对传承多一些认识。

我也从家里一个小染缸来到了偌大的校园。大部分学生还是很感兴趣的，虽然课外活动不会留作业，但有的学生回了家仍旧会兴

翻修的包——反面

致盎然地琢磨这个事，还自己在家用厨余煮了染料，然后带回到教室来问我，“这么做行不行？”

我能说什么呢？感动得只能连连说“好”。孩子们都觉得植物染特别像变魔术，变了一次就想变两次，变了两次之后再看见什么东西，就会对它到底能变成什么颜色特别好奇。有了好奇心，才会发自内心地愿意去了解、去学习。

也有少数学生对植物染始终提不起兴趣。无妨，就像我对待那些植物，无论鲜亮的还是枯败的，无论它们能呈现的颜色是期待之中还是意料之外的一样，我允许不同的存在，允许各个面的呈现，允许所有变化的发生，我不会强迫你必须要成为我预期的样子。我接受你所勇敢呈现出来的样子，这样很好。

终有一日，他也会找到自己中意的颜色，认真去做，染出自己的一片锦绣。

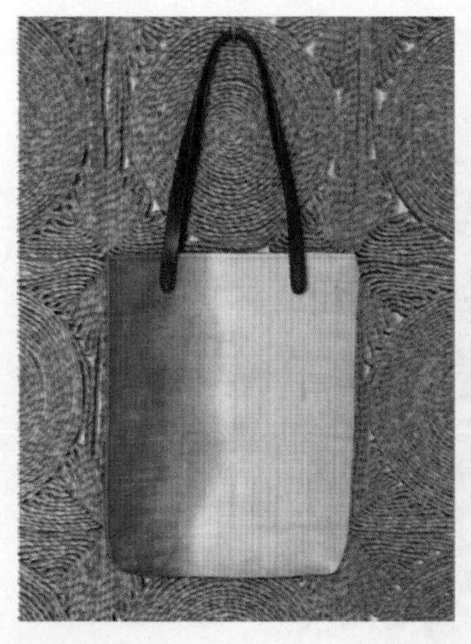
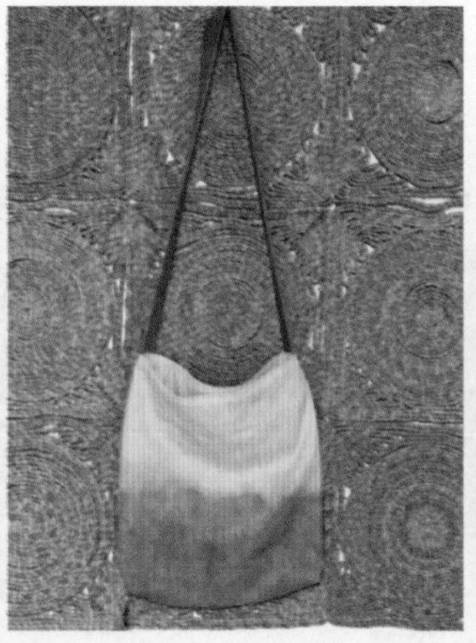

作品

学生们

我的旧物告别主张：旧物新颜，继续美好

小时候，我喜欢把吃完糖剩下的透明塑料糖纸都留着，那糖纸脆脆的，一揉就哗啦哗啦响，红、黄、绿、蓝……有的上面还有图案，拿到眼前就像变色镜片一样，透过它看世界，世界也染上了新的色彩。

长大后做植物染，也是这样的感觉。通过我的双手为一样东西换了颜色，它将这一份自然美好带给另一个人，融入这个人的生活中，改变了这个人的生活，哪怕只是一点点，也很有意义。

最开始，我也想把倾注心血做出来的作品留在身边，真是不舍得看着它被别人带走，但是反过来一想，我做它们的初心是为了让更多人去体验这份美好，有一个人和我一样欣赏它，这何尝不是一种缘分呢？一抹颜色连接了两个人。这就好像看一幅画，想到一秒钟前、一分钟前，有互不相识的人也曾站在这幅画前凝视过它；想到一分钟后、一小时后，还会有互不相识的人将和我一样欣赏着它。

在有意艺市集摆摊儿

一幅画连接了好多人，莫名就会觉得与所有看过这幅画的人有了亲切之感。

一抹色彩，勾连出一个空间，延续出一份美好，即使颜色会因水洗日晒而渐渐褪掉，随着岁月日渐清减，但这很自然。很多人、事、物经过时间的洗练，都会呈现出另外一个样子。想想也很棒！生活中经历了什么？爱好什么？将这些注入物品里，让它充盈得更加丰满，“旧”成为了它和它的主人独一无二的色彩和经历，而美好继续……

一场环保活动上将旧衣物蓝染“翻新”
（右为张莉，左为旧物的主人）

植物染前

植物染后

【番外篇】

印象最深的旧物是什么?

皮鞋。

小时候，我看见别的小女孩穿着红色的小皮鞋，很好看，特别羡慕。但是，以我家那会儿的条件，买不起小皮鞋。我妈看出来了我的小心思，就为我做了一双皮鞋，不是红色的，是黑色的，但直到现在想起来，那都是我最喜欢的东西。

我妈手很巧，家里人的棉鞋也都是她做的，布鞋面上有穿鞋带用的气眼，她把旧鞋上的气眼拆下来，安到我的小皮鞋上。所以，我有了和成人同款的系带皮鞋。鞋面用的皮子也是从大人的旧鞋上裁下来的，至于怎么弄的，我也不知道，从没见过她为我做鞋的样子。

那双小皮鞋做得真好，我穿上它，就感觉特美。我经常学着大人的样子，自顾自地坐在小板凳上为我的小皮鞋打鞋油。仔仔细细地把每个边角都擦到，这么近距离地把鞋捧在手上，翻过来、调过去地一边打鞋油一边端详，越看越觉得小皮鞋的形状特别好看，越看越顺眼，越看越喜欢。我好喜欢我的小皮鞋。打好鞋油，就穿出门去找小朋友一起玩。玩着玩着就开始疯跑，跑着跑着就进了野地。哪管那么许多？小皮鞋就这样，和我所有的鞋一样，陪我走路，陪我疯跑，陪我到处玩。

与旧物告别，我会说:

你的未来会更好。

我今后最希望增长的“环保新技能”:

更多且更深入地了解身边常见的植物，能够让越来越多的废弃瓜菜、花草重放异彩。

二手袋，『袋袋相传』的美好

做绿色消费的『有袋动物』

旧物

新主张

Tala 自带水杯

我叫 Tala，一个生活在北京却起了一个蒙古族名字的山东人。

小时候，爸妈带我去朋友家串门，我玩起了人家的芭比娃娃。那在 20 世纪 80 年代可是稀罕物，一头那么漂亮的金发，还能换那么多套漂亮衣服。要告辞回家时，我死活都不撒手，第一次在别人家痛哭流涕。最后，我爸妈是把我生拽回家的。我对这个物件的执着，很快就过去了，小孩儿嘛，想起一出是一出，很正常。一天早上翻身醒来，我一睁眼，就看见一个大盒子摆在枕边——芭比娃娃！我兴奋地一骨碌坐起了身，开始学着用各种花样帮她弄头发、用各种布头为她做衣服，为了她，我还学会了用钩针勾编小包……直到现在，她头发已经老化掉光了，还被珍藏在一个很精致的竹编小筐里。

之前已经放下的东西，再成为心爱之物，现在想来，多半是因为我知道那是来自父亲的一份深爱。我爸自打看到我那么喜欢那样东西，就一直记着，难得出差的他有一次去广州公干，心心念念地找到了我的娃娃，把她从繁华大都市带回了山东小城。

一件物品的价值，其实是由我们对它的态度决定的。

一个口袋

2015 年，我到北京有机农夫市集做志愿者，第一次听说了“二手袋”（Bag it Forward）项目。这是由几位市集志愿者在 2013 年发起的，最早的名字叫 BYOB——Bring Your Own Bag，发起者倡导消费者自带购物袋，以便减少塑料袋的消耗。

看记录，第一次回收二手袋，志愿者们自己画了海报摆在现场宣传，之前也通过微博“广而告之”，最终有几十位集友参与，共收集了塑料袋 130 个、布袋 53 个、纸袋 13 个、保温袋 2 个。

这个量在我看来是杯水车薪。之前逛早市、逛超市，看到大家采购一次，手里最终都会“豪爽”地拎着大大小小十几个塑料袋。其实，它的使用时间很短，很快就会成为垃圾。最终，每一个不起眼的塑料袋都会飞舞在风中或者流入海洋或者被填埋在土地里，上百年也难腐化。

我为什么要用这么多塑料袋?

买东西就一定要用这么多新塑料袋吗?

无纺布袋

布袋

保温箱

旧物

新 主 张

能不能不用?

如果不用新塑料袋的话，我又该去用什么?

回家翻一翻，发现我家里就有很多闲置的袋子被冷落在一角，也不舍得扔，觉得好像有用，但就是一直也用不上。能不能给它一次机会？其实就是装东西而已，未必一定要用新的!

一边是卖家新塑料袋的大量消耗，一边是买家手边并不少见的购物袋。所以，与其去商家买新袋，不如就用我手上现成的闲置袋子。能自己用的就自己用，富余出来的就分享给大家用。

记得一本书里有一句话真挺打动我的，大概意思是：认真对待我们已有的物品，就是我们对地球最大的负责。确实，很多东西被生产出来了，赋闲在某一处等待终老，这个资源其实就是正在被浪费。如果我能让身边这些东西物尽其用，被真正利用起来，或许是我能为环境尽到的力所能及的一点责任。

我在市集发起了“绿主张”，包括减少新塑料袋的消耗、减少一次性包装的使用、垃圾减量等。渐渐地，大家明白了足够干净且结实的纸袋、无纺布袋、塑料袋都算是合格的二手袋，如果容量大一些、再有牢固的提手，那就更好了。捐赠中，也发现各种各样的“等外品”，超市手撕的分装袋、街边装小吃的那种又薄又小的袋子、食品包装袋、面粉袋……见识得多了，我们开始根据实际需求严格限定二手袋的准入门槛。

一个习惯

集友赶集的时候，开始把家里闲置的袋子拿给我们了！超市的大号塑料袋、专卖店的购物纸袋、企业宣传用的无纺布袋……志愿者整理好一摞摞干净的袋子，放到市集接待处，供没带购物袋的集友取用。在市集现场，我们最多一次回收了600多个二手袋。有一次，在微博和微信上发出征袋通知后，两天就募集到了上千个二手袋！

捐二手袋的人渐渐多了，二手袋的使用却没有那么快地跟进。起初两年，我常常听到集友抱怨：怎么连个袋子都不舍得给？太不方便了！

一时间，大家似乎都卡在了“旧”这个字眼上。捐的人，是图“旧”的可以快快断舍离；用的人，是嫌“旧”的不顺眼也不顺心。家里很多闲置袋，现阶段也好，将来也好，不被需要迟早会成为“旧物”，趁它尚未到老旧不堪的时候，找个位置放下它，为它找一个归宿，对它负责任。

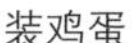

装鸡蛋

二手袋

每样东西，都应该有一个位置。我个人认为，对“旧物”的判断是首先给它定一个位置——从情感的连接上或使用的功能上考虑，我需不需要它？如果我对它还有需要，我会把它留在我的生活里，不会让它离开。所以，它是“新”是“旧”，关键看我是不是需要。有的东西用了几十年，但我需要它，它于我而言就是新的。有时别人送我一个新东西，但我真的不需要，那我就会为它找一个新的位置。否则，它就会在我这里尘封成旧物。

在市集上，志愿者从珍视每一个袋子做起，用实际行动提醒大家：我们所消耗的每一点资源，都需要付出代价，现有资源的合理利用才是减少垃圾数量、践行可持续生活最好的方式。

2016 年，由于增加了一个新市集，致使二手袋库存火速见底，一位熟悉的集友感叹：“我刚送去好几十个袋子，这么快就用完了！”而在 2013 年，二手袋第一次出现的那一场市集，仅有 3 个塑料袋和 9 个布袋被领走再利用。

容器

除了借用二手的、捐出多余的，还有一种更加根本的“减塑”购物方式——带上自己的。现如今，挎着菜篮子、提着米袋子、端着豆腐盒子、拎着油瓶子逛市集的人越来越多，专业赶集套装已经成为市集上的一道风景，成为集友引以为傲的一个“范儿”。渐渐地，集友们都知道了市集的游戏规则：大家会自带装备来赶集，实在不够用时可以在接待处“借”到二手袋，用完再带回到市集继续给大家循环使用，避免它成为闲置品。

自带饭盒买豆制品

一群农友

不仅是集友这一关要过，农友们起初也老大不乐意。

“不提供袋子，人家就不买了，损失了好多客户。”

“就省这几个袋子，能有多大的意义？”

一开始，大部分农友的参与是被动的。不提供塑料袋怕影响销售，集友会不会转投别家？而提供了塑料袋又有悖于市集的“绿主张”，主办方会不会就不让来了？最初阶段，只有5位农友承诺不再为客人提供新袋子。二手袋项目一度名存实亡……

在日本探访当地农夫市集——各种细节让我不顾造型只顾拍照留影

2014年至2015年，二手袋项目执行了一年，也和农友们反复商量了一年、磨合了一年，最终所有农友达成共识——不再在市集现场提供不可降解的一次性塑料袋，市集定制了一批需要付费使用的可降解袋子作为分装袋，同时加强“二手袋”捐赠和使用的宣传。

农友们也开始积极想办法，有的用纸袋代替了塑料袋，有的做了布袋供集友租用。大家也渐渐熟练了如何用简洁又清晰的表达，和善耐心地向顾客解释不提供新塑料袋的原因。还有农友开始更加积极地投入到二手袋项目的推进上，茶籽粉、圆白菜、瓜果、手工皂……这些各家的明星产品，也被贡献出来成为对集友二手袋捐赠的回馈。

二手袋的循环利用，成了集友和农友都默认的习惯。心里为自己点赞，也为所有参与者点赞。咬咬牙，我们终于还是扛过来了。

简单算一下，每场市集有二三十个摊位，每个摊位至少需要消耗 50 个新塑料袋，一次市集就要消耗至少 1000 个新塑料袋！一年大概有 100 场市集，就是 10 万个新塑料袋！坚持 5 年就是 50 万个新塑料袋！这还是最保守的估算，若真是敞开供应新塑料袋，实际消耗量可以翻番。

不用塑料袋装樱桃，很美

农友用旧纸壳自制商品说明

从 20 世纪初塑料诞生，至今百余年，这一材质从无到有，衍生出的款式和用途更是充斥着生活的方方面面。想起一档日本的真人秀节目，让一位男士过无塑料生活，这位男士本来还信心满满的，当节目组走进他家将所有的塑料制品全部清出之后，他完全傻眼了，基本算是家徒四壁了。现而今，全球一年塑料袋的使用量可以达到 5 万亿个。

一种积攒

我是一个对什么东西都不太执着的人，而且缺少耐心，所以从小到大，始终不曾真正攒过什么东西。二手袋绝对是我人生一个全新的体验。

记得上小学的时候，流行攒贴画，我也跟风，但不知不觉间很快就把贴画都送人了。有一阵特别流行集邮，我也想赶个时髦，努力一下也没能找到其中的乐趣，就没再继续下去。前一段时间，我又试图积攒我家猫的毛，想着把这无用之物慢慢攒出数，学学戳毛毡，后来因为拗不过喵星人对我存毛地点的执着捣毁，也放弃了。

我似乎一直都不会攒东西，临时需要什么拿什么就好。我并不喜欢那种超级干净的断舍离，不喜欢一尘不染的感觉。我心目中的断舍离，其实是一个对自己的整理过程，有些东西只是在，但从未经过脑子，所以很可能只是毫无逻辑地散落在那儿，断舍离是一个契机，让我检视每一件东西对我的意义，重新梳理我自己的需求。

之前的很多取舍是没有意识的，只是因为不贵或者一瞬间觉得想要，但还是不清楚这些人、事、物和我产生连接的那个点究竟是什么，没能梳理清楚那一点“真实”。

志愿者将收集整齐的二手包装送给农友

似乎是二手袋启发了我，我发现其实身边可以用这种方式去告别的东西越来越多。之前我没有看到的很多东西，在有了收集二手袋这样的经历之后，很容易就能“看见”：农友们的菜叶果皮可以做成花环、整洁的水果网和充气膜可以再收集起来当填充物、闲置冰袋可以帮助农友保鲜瓜果蔬菜……

其实，我可以看到，也可以让很多旧物都得到发挥余热的机会，就像市集的“绿主张”能“主张”的远不止二手袋这一样。农场的鸡蛋托、牛奶瓶、罐头瓶、包装盒、送菜箱等都是可以回收再利用的。

东西，有用是最重要的，闲置在那儿的时间或长或短，最终还是在用上它的时刻，价值才被放到最大。所以，为旧物和闲置物品找到一个新的位置、新的去处，我不会有不舍。就像二手袋，因为它本身就是丢了可惜、放在家里占地儿的东西，于我用处不大，若能够让它重新发光发热，对我而言也是一件特别开心的事情。举手之劳，可以让生活更美好。

一些改变

一个小小的二手袋，也值得我们思量一下有没有更好的方式对待它。

但无论怎么利用，这些袋子被生产出来已经造成了环境的负担，看看环保生活方式的“5R”原则——Refuse（拒绝购买）、Reduce（消费减量）、Reuse（重复使用）、Rot（堆肥）、Recycle（再循环），减量才是减少垃圾产生的最核心的方式。鼓励二手物资的再利用，也是为了稳定局面，减少新的垃圾产生。

眼前的这些包装是不是可以再减少?

能不能从源头上少产生一些包装?

已有的这些东西，我能不能更负责任地去使用?

对环境，对他人，我还能做什么?

不仅是二手袋，不仅是商品包装，这也是对自己生活方式的一

竹篮 1

竹篮 2

串追问。当思考这些“大问题”的时候，才发现我能做的其实都是生活里一些特别小的事儿。这些联系着大问题的小事儿，也有它的价值，我们和它的相处方式决定了它是无用的抑或是有用的。

一些破损的塑料袋，虽然不适合再在市集使用，但是可以把它变成“布片”、变成“草绳”、变成“棉线”，跳出旧物本身的窠臼，再琢磨琢磨，发现它还可以用来编蒲团、钩地垫、制成填充砖……听说国外的老奶奶们还用塑料袋织成毯子送给流浪汉们当铺盖。

一旦打开了思路，我发现所有的东西都可以用同一种态度去面对。而且当我这样做的时候，总能或多或少影响身边的人，涟漪总能为我带回特别的惊喜。我在思考，身边的人知道了，可能也会想一想，想的人多了就会带来一些改变，而每一点看似微乎其微的改变，都会不断萌发出新的意义。

就像一个不起眼的二手袋，从无用的闲置品变成有用的“大V”，华丽转身的那个点就在我们一念间。

布袋

小拉车

收“货”满满

我的旧物告别主张：一件物品有没有用，不是这件物品决定的，而是由我们对待它的态度所决定的

美的需求并不一定非要通过消费来满足。实际上，生活里很多美的东西，就来自自己的一点小心思，有时候转换一下思路，就会发现另一番天地。有句话说，“起初是我们养成习惯，后来是习惯造就我们”。

习惯了用“买”来填补需求，“买”就是最有用的解决方式，渐渐操作多了，它还会成为我们最熟悉、最优选的解决方式。

习惯了用“扔”来解决闲置，“扔”就是最便捷的解决方式，渐渐操作多了，它也会成为我们最熟悉、最优选的解决方式。

是我的态度决定了习惯，我的习惯决定了我眼中这东西的价值。

并非东西本身有用无用，也与它的价钱无关。再微不足道的一样东西，只要你愿意了解，它就有料，每一点小的改变都会汇集成改变世界的大力量。勿以善小而不为，勿以恶小而为之。

珍惜已有的一切，认真对待和使用我拥有的东西，就是最大的负责任。停止抱怨，问题不在别处。我要学的只是和自己好好相处，以便看清自己、明白自己和其他人、事、物的关系，而每样东西的价值就藏在这段关系中。

用市集废弃道旗改制的购物袋

【番外篇】

印象最深的旧物是什么？

披肩。

奶奶的旧羊毛披肩

上中学的时候，翻找奶奶的那些陈年旧衣物，一堆一堆的都是经年不用的东西，偶然一瞥，我发现炕底下塞着一个鼓鼓囊囊的包袱。早年间，我姑父去俄罗斯出差，带回来的俄式细羊毛披肩，但当时大家都觉得不符合当时的审美，也没有场合用得上，于是，奶奶就一直把它当包袱皮用。

我拽出来，展开一看，太美了！就拿走它，恢复它披肩的身份，甚至上大学时去法国参加国际比赛获奖，都是披着它参加的颁奖仪式。这条披肩，到现在还是我正式场合的标配。

对我来说，每次用它的时候都是“新”的，哪怕已经过了几十年的时间。

与旧物告别，我会说：

嘿，我给你找了一个更需要你的地方。去吧。

我今后最希望增长的“环保新技能”：

吃素。

Tala 披着奶奶的旧羊毛披肩在法国设计大赛上领奖

古着，『旧』这么有『范儿』

衣服是二手的，快乐是一手的

我叫翟昊，父亲是广东人，母亲是东北人。他们都是高材生，一个毕业于天津大学自动化系，另一个毕业于清华大学建筑系。他们插队结束后被调到北京工作。于是，我和我哥便成了土生土长的北京人。

我从小就喜欢画画，长大后想像母亲一样，成为一名建筑师。所以，我考到重庆大学学习建筑设计。毕业后做设计，向甲方汇报方案时，我总要向甲方科普“设计的价值在于创造价值”。为什么要找设计师？环境再差、再恶劣，在有限的条件下，建筑设计师都能把它改变，而且还能改得很有特点，这就是建筑设计师厉害之处。

在我的生活中，穿衣也是同一个道理，没有绝对不好看的衣服，也不存在完全没法穿的衣服。

三里屯店室内一角

一部电视剧

我从小学就留着稍长一点儿的那种分头，和同龄男孩儿比算是挺长的了。后来上大学就留得更长一些了，还烫过头。

当时，我看了木村拓哉主演的《恋爱世纪》，他饰演一位广告代理店的设计部职员，留着长头发，穿着牛仔裤配红翼（RED WING）马丁靴，感觉很帅！后来，他被提拔去营业部做他并不擅长的文案，于是把头发剪短了，但内心的那种东西是隐藏不了，也掩盖不住的。他要活出自己来，按自己想要的状态来生活，不太在乎别人怎么看他。

那种潇洒自由的风格、我行我素的个性，瞬间就深深触动了我。照着样儿，我也给自己搭出了一身：一件白色圆领衫加衬衣、一条李维斯的原色牛仔裤、一双红翼（RED WING）最经典的 8875 红色靴子。

那时我正在重庆读大学，当地已经有不少外贸店了，卖全新衣裤，有些也能看出来是二手的。当我有需要时，就会去淘，照着自己喜欢的帅气风格，买的多是格子衬衣、牛仔裤，基本是全新的。

牛仔裤作为潮品，进入了年轻人的视线，大商场、小店铺都开始上架。现如今，打开衣柜，60 岁以下的估计人人都有一条牛仔裤。150 年前做船帆用的粗糙布料，后来被简称为丹宁布（DENIM），即牛仔布，而现在这靛蓝色、粗斜纹的丹宁布（DENIM）做的衣服已经成了地球村“村服”。

想去体验一种风格，最浅显或者最简单的方式就是从服装开始。喜欢这个人或者这种文化，就照着样子去模仿，通过模仿其外在风格来表达自己的推崇与喜爱，有点儿像现在说的“角色扮演”（cosplay）。

而服装是最直接的自我表达，“以貌取人”就是一看这人穿戴，就自然地去推断他的性格、职业、爱好，有兴趣的再琢磨琢磨他为什么穿成这样。

一件外套

从重庆建筑工程学院毕业之后，本来申请好了出国继续深造，但因为实习时干得不错，觉得设计还是应以实践为主，多在实际项目中打磨自己也算是深造。

于是，我回到北京，进了北京市建筑设计研究院，现在叫北京市建筑设计研究院有限公司，算是中国最好的设计院。一干就是 12 年，然后又是各种摸爬滚打，2017 年辞职，带着妻儿搬到村里，改造了一处旧民房，过起简单的小日子。

2009 年天津塘沽洋货市场淘来的北面（The North Face）蓝色棉服

就像这栋旧房子，好多人看了我的改造之后，恍然大悟——原来还能这么弄！旧衣服也是一样，通过自己的一些想法改一改，展现给别人，大家才明白不起眼的旧物竟然还可以这样好看。不是说必须买这件衣服我才能搭出效果，没有这件衣服，我今天就没法出门了。

“必须”会让好多人、事、物变得没意思。偶得，往往是一种奇妙的体验。

记得北京到天津刚开始有动车后，我和我老婆尝鲜坐了半小时动车到天津，去塘沽洋货市场逛逛。市场里有一家卖二手衣服的店，以军品为主，还有少量牛仔裤和一些户外款的外套。我老婆挑中了一件巴塔哥尼亚（Patagonia）的绿色外套，而我则翻来翻去，看上了一件北面（The North Face）蓝色棉服，越打量越觉得好看。但价格真是挺贵的，砍了砍价，最后一咬牙就“拿下”了。

2009 年天津塘沽洋货市场淘来的北面（The North Face）蓝色棉服在日本杂志上

回程一路心里都想着：这件外套让我如此动心，必要一探究竟。回到家就开始在自己的一大堆杂志里翻找资料，能想到有多神奇吗！这件蓝色外套居然出现在一本日本杂志上，那一期讲的是一些知名的美国户外品牌，我反复仔细比对，衣领的卡其布、独特的扣子、拉链设计，所有细节都和我这件一模一样。我还了解到这件 20 世纪 70 年代生产的外套，标识和现在生产的是不一样的，底是白布，“The North Face”字样是偏暗的金色刺绣。

当时对户外服装还挺陌生的我，这一次出手很准。我兴奋地立马发了一篇微博，这份淘宝的乐趣不吐不快。直到现在它还挂在我的衣橱里，冬天还会穿。于是，我想把这“好东西”告诉更多的人：不仅仅新东西是好的，旧东西也是好的。

一份兼职

渐渐地，我开始有“古着”概念。北京算是国内最早一波有古着店的城市，店面数量和规模在全国也是名列前茅的。而上海、广州、长沙、武汉这些洋气的城市里，有品味的古着店可能就那么一两家。

我常去一家店淘旧衣，老板没有店面，住在胡同里，就在自己家卖衣服。渐渐地，我去得勤了，买得多了，聊得投契了，就和老板成了好朋友。“要不……咱们也开个店吧。”偶然萌生出的一个想

2009 年在五道口开的第一家店的店面

法，很快落地到了五道口。我们的第一家店位置不错，是离地铁站不远的一处临街底商，也挺大的，一层有八十平方米，二层有六七十平方米。

2009 年，我还在上班，建筑设计这一行干了六年，正是最好的年纪。但架不住就是喜欢“古着”啊！辛苦些，也是自找的乐意。我每天白天继续建筑设计，下班后去盯店，周末两天也去店里。合伙的朋友就白天看店，晚上则继续他的那份兼职——给 D-22 酒吧看门。这家酒吧在当时的京城可是很有名气的，《乐队的夏天》节目里的很多乐队都是在这里开始演出的。

“古着”和试验音乐在当时都挺小众的。我们店的客人基本就是做服装设计的、玩乐队的或者对这类文化比较有追求的，也偶有明星光顾。客源有限，当时一个月 2 万多元的房租对于我们算是天

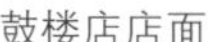
鼓楼店店面

三里屯店店面

价了。当时，一个月的进账基本就只够交房租，甚至有时候还亏一点儿。

干了三四个月，实在挺不住了，也不想就此放弃，于是我们把店铺搬到了鼓楼东大街。因为当时的鼓楼东大街是各路“小众”扎堆儿的地界，除了那些胡同里的餐饮，要在北京买游戏机、玩乐器、追球鞋文化，这里绝对是首选。

我们一拨朋友，开了三家“古着”店，有胡同里一起长起来的、有一个“古着”圈子里聊得来的、有做酒吧和玩乐队认识的。在当时的北京——其实直到现在也是，都算规模比较大的。

我朋友负责进货，基本上一年中有半年时间都在国外待着。而我则希望陪孩子的时间多些，进货就去得少。因为我是一名建筑师，所以主要负责店面的装修，和房主打交道，以及店铺的日常管理工作。

一个门槛

这些年开“古着”店，听到最多的介怀理由就是“旧”。没有“古着”这个文化概念还在其次，主要是介意“别人穿过”，而且会脑补出千奇百怪的搞笑问题。这个念头也很正常，二手衣物在一些人心里存着一团晦气。

他们只是不了解，“古着”文化其实在欧美、日本等地至少有二十余年的历史了，这条产业链很专业，大部分“古着”入手后，他们都会认真做好处理，在我们挑选前已然都经过了专业的分拣、鉴别、分类、消毒……如在日本，“古着”这个行当的从业者是要有

For solid comfort..
LEVI'S
AMERICA'S FINEST
OVERALL
SINCE 1850
GO OUT

798 店一角

专门执照的，就像开餐馆有卫生许可证一样。

“古着”已经是被大众接受的一种个性商品，更是一种文化，甚至已经是很多人的生活方式了。

我去日本专门探访了很多“古着”店。我看到大家来这里就像逛超市一样，穿着校服的孩子们放学了就会去“古着”店，东看看西看看，翻到一件衣服，觉得还挺新的，一看价格几十元钱，就买了。

日本的二手衣店都超级大，很多都和书店在一起，一层是书店，地下一层就是二手衣店。二手衣被分成两部分，真的有年代感、有背景、有风格的诞生超过 20 年的衣服算“古着”，还有一些稍微有些名气、有质量的品牌货算“二手”，分类也是很细。

当然了，也许是新东西太多了，基数够大，所以才会有这么多有质量的旧物。新与旧，舍与得，往往就在一念之间。关键是，要知道自己想要的究竟是什么。

在“古着”店里，挑上一条李维斯（Levi's）的牛仔裤也就要七八百元，但专卖店一条新的牛仔裤就要上千元。所以在“古着”店买衣服不仅省钱，还有可能淘到更早期的款式。

如果想要的是一样“东西”。

有一次，我正逛着一家日本“古着”店，看见一位年近七旬的老大爷，晃晃悠悠地走进店门，认真挑选着牛仔裤，拿了两三条走进试衣间，许久之后，穿着其中一条走出来，结账，又晃晃悠悠地出了店门。这一切发生得如此自然而然、稀松平常……没有犹豫，没有难堪，没有冷眼，没有怀疑。

我现在很少买新衣服，都是从二手衣里去“淘”。我们正常出售的“古着品”都是要经过专业清理的，库房里也有专业的消毒设备。

旧和脏，从来都不是近义词！“旧”是时间的考量，本无优劣之分；而“脏”是整洁的评分，属于不合格的那一端。

我店里，“年纪”最大的衣服是一件逾百年的美军白色军服，一直挂在墙上当镇店招牌。

一点修补

除了清洗消毒，还有一个更考验专业性、也更有趣的环节——修补。

如果一件衣服本身是特别有历史的，淘到这样历时久的好东西，一处处破损也成了它故事的一字一句。一般来说，我淘的时候会尽量避免进那种残缺比较严重的，因为之后还是要拿到店里去卖的。

仔细检查淘回来的每一件衣服，“古着”的查遗补漏并不像普通“质检”那般枯燥，反而有很多可以玩的东西。所以，我们从没有外包给别人去弄，都是自己好好“玩”。

三里屯店室内

缺扣子，老式的很难再找到同款，我就从别的废弃旧衣上慢慢搜罗，找到合适的就拆下来，凑整一件。这有点儿像拼图拼到最后，发现少了一块，空在那儿，在玩具柜里翻箱倒柜几天，终于在不起眼的角落发现了它，归位的一瞬间，感觉整个世界都完整了。我有一件美军外套，有一个扣子就不是原装的，但这个“插班生”反而成了一个特别的亮点。

破损了，需要做补丁，我就寻出两三件，按照某个“范儿”，剪剪拼拼成一件完整又好看的作品。这其实就是设计师的价值！有些人说，设计没什么大不了的，都能干，但其实审美不是那么简单的，不是任谁去看一下、弄一下就能出来效果。

巴塔哥尼亚（Patagonia）之所以能成为户外品牌的标杆是因为花了太多心思、太多人力和财力在研发上，而它如此大费周章地研发，拿出来的每一个部件都是为了可以让大家更久、更可持续地使用。它最打眼的先锋主张之一就是“再修理、再利用”，从该品牌专卖店买到的衣服，都可以免费维修，只要能找到配件就可以复原继续穿。在我看来，巴塔哥尼亚（Patagonia）含金量最高的品牌价值和企业文化就在于它的环保理念。它希望“用”，有用、能用、多用、耐用是衣服的价值，而且尽全力把这个价值最大化，避免因为他们的不尽力而造成快速抛弃。

还有的就不是修补那么简单了。“古着”除了旧物以外，还有一类叫“重新再造”（remake）。并非所有老旧衣服都适合现代人穿着，但它的颜色、面料、配饰却仍旧非常出色。我会把一条破牛仔裤的裤腿剪下来，缝合成一个托特包，还会把好几件衣服裁剪拼缝成一件。即使不再是完整的牛仔衣裤，但它的料子仍旧是牛仔布，是用了多少棉花、经历了多少道工序、费了多少染料、冲洗过多少吨水……才成就的 1 米丹宁布。它的特点就是耐磨，因为起初就是为了美国挖矿工人和铁路工人干粗活穿的，穿着劳动半年也不洗，不带坏的。

一串用处

除了“遮体”和“好看”这两个现代人眼中的功能，不少服装在被创造或设计出来时，就有其特定的功用。

背带裤的背带为什么用挂钩？是为了干活时能很快、很方便地拆卸，不用太占手。

背带裤为什么有那么多口袋？是为了放尺子、铅笔等，分门别类好拿取，而后面的小挂带则是专门放榔头用的，挂在圈上，一拿就有。

798 店室内

背带裤背带上的第二个扣为什么还有一个小斜眼？这是专门为装怀表设计的，一个兜揣怀表，一个扣眼挂怀表，相辅相成。

户外装和军服的材料和设计往往都是非常讲究的，为什么？为了在极端环境下足够保暖、足够结实、足够防水，曾经穿着这些服装的人们是真的要在自然环境中搏命的，各种设计强调的就是保命，其他都没有意义。

所有衣服的起源都是带有功能性的，每一处设计都是出于实用目的的，它们的出现自有道理，是实践和技术得出的结论，并非设计师坐在屋里靠拍脑袋想出来的。直到物质越来越丰富，才有了纯粹为了时尚和颜面而没有实用功能的衣服。

优衣库的第一桶金来自 20 世纪 80 年代的摇粒绒，但真正让它发家的却是内衣内裤。Levi's 从 1853 年开始为工人设计牛仔裤，到如今为了量产多销而在材料、五金上的简化……每一个品牌都在不断演变，质与量的博弈，繁与简的迭代，科技的不断发展，设计的不断创新，每一件衣服都是一段注脚。

一场巧遇

流水线服装店像是分类清晰而崭新的书店，富足但难免清冷；而“古着”店则更像图书馆，所有的书都带着温度，都想翻来看看。

快消品牌店的展示非常简洁，进门一目了然，每一个衣架和展板上写明了分类和尺码，每一个标牌上标明了这件衣服的所有信息，一切布局都是为了提高购买效率。如果再加上消费者的购物清单很明确或者在这家店消费过等因素，那肯定瞬间就能找到个人所需，结账走人。

而“古着”店正好相反，放着复古的音乐，希望来者能在这里多待一会儿，一边听着舒缓的调调，一边放松地翻看这些老衣服，有中意的就拿出来，在镜子前比量比量。客人在我店里待两三个小时都是常见的，我们也不烦，都是朋友，大家聊聊这些衣服的品牌故事、小设计的精妙、款式的来龙去脉，他可以问东问西，我可以给他一些建议或启发，是不是可以这么穿？换个场合是不是可以换个穿法？

我不断去摸、去看，渐渐明白了一件衣服的每一处妙趣，也就自然而然地在心中明确了“古着”的价值。最初淘宝的时候，懂“古着”的人不多，很多卖东西的人也都稀里糊涂的，如果我懂，就能淘到些便宜的好东西。现在懂的人越来越多了，很多人都会分享“古着”的知识、跟“古着”相关的老物件。这也是“古着”这一行的乐趣，我们叫自己“猎人”，有大的猎人，也有小的猎人，大家都在寻觅自己心仪的猎物，有收获是幸运的。

要买一件 T 恤，在快消店里可能用不了 20 分钟就能完成。而且这样的衣服，好像无论任何时间去任何一家商场的这个品牌店，都有机会得到这一款 T 恤。“古着”不一样，购买“古着”的人往往没有预期，只想着“这一次，我能不能挑到一个……”一旦猎到了自己心仪的“古着”，就有一种挖到宝的感觉，会开心很久。“哎哟，我淘到一个宝贝！”

我选择在这一天的这个时间去了这家店，就会遇到这一件衣服，这种相遇是独一无二的。在我眼中，“古着”最大的魅力就是一种款式就一件，我买走了，别人就没有了。决不会撞衫。

就只说几乎人人都有的 T 恤，大街上常见的米老鼠图案的 T 恤，你一件，他一件，我一件，看似都差不多，但珍贵之处可能就是从两侧腋下到胯边的那道缝线，这道线代表了一道分水岭——20 世纪 90 年代之前的 T 恤所用针织布采用的是筒织方式，顾名思义，布料织成筒状的，因此，衣服的侧边不需要缝合；之后为了降低成本，改了两片布，然后再把两片布剪裁成不同尺寸、有腰身的或直筒的大背心。现在还偶尔有做服装的，为了追求那个隐秘的“范儿”，特意复刻筒织 T 恤。但这也毕竟是少数！了解了知识，懂得了价值，再淘到一件 20 世纪 70 年代的筒织 T 恤，就不会觉得它又老又旧很丢脸，只会认为自己是非常幸运的人！

一念转变

“古着”店老板们、喜欢“古着”的人们、明星或大 V 们，他们也在捕捉某个点，如一度流行把军服内胆掏出来单独当背心穿，一度军裤特别火，一度军包又成了爆款单品……“古着”慢慢在普及，这个市场越来越透明，泛众之后就会趋向大众消费。风潮的热闹带来矛盾，我希望它“火”，能带来稳定的收入，可又怕它变成了一个烂大街的东西。

旧与新，过时与新潮，永远是一个轮回，到了那个时间点就会萌生替代。回想自己的初心——没有绝对不好看的衣服，也不存在完全没法穿的衣服。“古着”触动我的不是风潮，也不是挣大钱，是它赋予我的个性和肯定，让我确信“我可以”。

于是，我计划着慢慢启动“素人改造”这个系列的尝试。用“古着”独一无二的款式，用我的设计和服饰支持，帮助大家展现另外一面。与流行服装的快消店不同，“古着”可是什么年代、什么风格、什么材质的都有，一个人在这里面对各种性格的衣服，尝试着他从来不曾动念的造型。通过旧物尝试改变出新的自己，想一想，就觉得非常有意思！

我的邻居，一家藏在村里的小咖啡店的店主，沉默寡言，每次骑着他的怀旧小摩托来我店里，就只挑蓝色衣服。他成了我“试衣间”系列的第一个目标。有一次，他征求我对一件蓝色衣服的意见，“你为什么不试试黄色或者红色的衣服呢？”我坚定地抛出了自己的建议，也帮忙挑选了些“突破”。我提出，他也不是一直会在店里烘豆或冲咖啡，总有一些不同的场合，他可以穿这样的衣服去改变自己的角色，同时也换个心情。之后，他隔三岔五就来挑一挑，试一试，未必买，但有时候能待很长时间。这种“尝试”似乎会上瘾，他通过衣服，体验到“我还能这么穿……我其实可以这么做……”慢慢地，他能接受穿一些跟自己常规思维不一样的衣服了，骑着小摩托离开时，好像变了一个人。不仅是他，同样经历了整个改变过程的我，也觉得非常好玩。

还有一个朋友，他公司在辞旧迎新时要做一个好莱坞怀旧主题的联欢会，他带着老婆和闺女直接到我们仓库店里去挑。他闺女平常都不穿裙子，每次遇见她时，都是风风火火地骑着自行车，说话特大声，我们经常打趣说，“根本看不出是个闺女！”我按照美国20世纪80年代的乡村感觉为她配了一套，再从试衣间里出来的她惊艳了在场所有人，包括她爸妈。假小子不见了——复古连衣裙，头上系一条红色方巾，再拿个小竹篮，眼前的，就是一个在阳光下、田野间奔跑的自由洒脱的花季少女。

旧物

新 主 张

厉害的人，应该是不会受衣服本身所局限的，给我一件衣服，我想带着朋友们好好玩。希望大家真的懂“古着”，真的去穿“古着”，我特别喜欢和愿意听的人讲衣服的故事，也希望他把这件衣服的故事再骄傲地告诉别人。

旧，不是刻意而为。有个朋友挑中了一件尼龙运动夹克，他说突然间想着那个时代的光阴、他和同学打着篮球的样子，就像穿越回去了似的。这就是“古着”的意义所在，它不是照着旧衣服做的新衣服，它就是那个时候真实的存在，连面料和每个细节都是，它是有温度的。仿的“旧”和真的“旧”，差的就是这一点时间的历练和回忆的力量。

所有的衣服都不该被如此对待，买得快，舍弃得也快，它们值得我们好生相待。

2017 年日本东京台场 Lightning 市集全景

我的旧物告别主张：新不如旧，旧物再用

我对自己正在用的那些旧物爱不释手。我就穿那么几条牛仔裤加一两件T恤，冬天就那么几件大衣，但是每件都有说法。旧物，是有背景、有故事、有年代的。我有一件老款军服，后面还有背画，看到它，不仅是有“范儿”，更多是感受到自己所喜爱的一种精神，一种劲头。有了这么一件衣服，在我眼里足够牛，也足够帅了，我别无所求，根本不需要再眼馋今年有什么新品。

现在就是什么都太快了！需要时间去好好想一想：我为什么活？我要活成什么样？我能不能活得更有意思？“役于物”和“役物”一直是一个好话题，是希望自己被东西、被物质控制，还是希望自己能好好利用这个东西，让它为我所用？多数人一听，就会觉

自己收藏的磁带

自己收藏的乔丹杂志

得后者更顺心。但快消时代的买买买，没多少是真正被自己掌控的，广告能帮你决定，明星能帮你决定，店员能帮你决定，别人的眼光也能帮你做出决定。

快消的东西，可能因为便宜就多买一些，于是我们感觉衣服多了，穿搭也丰富了，但是转头想想，最爱穿的款式可能还是那几件，最中意的颜色可能还是那几样。

单单只有新的好吗？旧东西也是好的。比如：大牌奢侈品，一个爱马仕或路易威登的新包要花几万块钱，但如果看重的真是这个品牌的价值和其上乘的质量、高级的设计，那在“古着”店里淘到的一款可能只要几千块钱。你若真爱，对它更懂一些，还会看到它细节上几十年间的一些微小变化，为能拥有这间“博物馆”而窃喜。

旧物，照样能给新主人带来快乐和价值！

【番外篇】

印象最深的旧物是什么？

拼图。

儿时我喜爱的东西挺多的，《七龙珠》《圣斗士》……漫画都是全套的。后来长大些，开始听谭咏麟、张国荣这些港版磁带。再后来，让我记忆深刻的就是《篮球》杂志，从乔丹第一次复出的20世纪90年代末到2000年，这些杂志一直都是我的心头好。

被保留到现在的是我上小学时的一盒500块的拼图，那是我爸从国外带回来送我的礼物。那个时候，这么多块数的拼图真是不多见，我如获至宝。暑假里，用了整整一星期时间把它全拼出来了，是一艘帆船，非常漂亮！这盒拼图直到现在我还留着，但并没有把它当成束之高阁的珍藏品，东西要物尽其用，使用是它价值中非常重要的一部分。所以，我喜欢的这盒拼图，暑假还会拿出来，让我儿子拼着玩儿。

帆船拼图——应该有35年了

与旧物告别，我会说：

一路走好，无论是被再用，还是循环再生。

我今后最希望增长的“环保新技能”：

加强“断舍离”的本领，生活必需品越来越少！身边的每一件物品都能用一辈子！

废线，抱团取暖

弯弯绕绕，由心书曲直

作品

也没有特别满意的，不满意的比较多，每次做完都觉得不太好，平整性不太好，或者这个东西可能是我因为一些需求而赶时间做出来的，可能就为了做而做吧，更希望可以做一些有创意的东西，但是现在因为时间和精力的限制，的确没有做太多。

如果说比较满意的一件，就是那个小鸡的香囊，我觉得它就是各种颜色搭配出来都会有惊喜，而且它还有艾草的香味，因为我本来就比较喜欢植物，对这些香草都比较入迷，甚至上瘾。

这个小鸡香囊，它可以把不同的元素结合起来，也有一定的实用价值，放在家里真的有点香味，从视觉上也挺赏心悦目的，还蛮好的……

小鸡香囊

我叫张春，安徽人，工科生，大学学的是热能与动力工程专业。

为了能自由些，我做了很长一段时间的自由职业者，但是每天我都被“捆”在电脑上，因为电脑是我赚钱的工具。所谓自由，真是看每个人的衡量标准了。

我从手指灵活的“键盘党”走向手指灵活的“钩编党”，说起来也不违和，因为我一直都不是一名“手残党”。

随时随地在“钩编”

一群毛驴

最早接触公益，源于参与“农场动物福利”项目。

我的一位朋友Jenny是独立制片人，2017年年底她要为河南省焦作市的一家护生园拍摄纪录片，这是一个公益项目。因为我答应了帮忙做相关网站，那段时间也正好没有别的事情，就提出想一起去了解一下。在那里认识了一个姑娘，因为她很喜欢驴，所以给自己起了网名“美驴”。我们一起去了当地的一家屠宰场，用兜里的钱买下了其中几头驴，准备带回护生园，感觉它们知道了什么似的，对我们叫了几声，又回头朝着留下的伙伴叫了几声，有的还流了眼泪。好像在和不能同行的朋友道别，那场面很幸运地被镜头记录了下来。

得到救助的动物被安顿到护生园，在这个新家里被照顾直到终老。虽然，这里会有工作人员料理它们的生活，但好吃懒做的生活是不健康的，因此，在身体情况允许的前提下，它们也会承担护生园里一些力所能及的劳动。

于我而言，这一次算是生命教育的真实启蒙。第一次切身感受到原来动物也是有情义的，有自己的社交圈，有不同的性格，也有聪明和不怎么聪明的小区别。护生园里的每个成员各有特点，很立体、很真实地展现在我面前。鸡、鸭、牛、猪、羊……这些为满足口腹之欲而被我们饲养的动物，几乎都能在护生园里找到。我并不清楚它们被摆到超市货架上、盛到碗盘里之前的生活是怎样的，这次经历才让我对这些开始有所了解。

从动物保护、环境保护的角度来看，美驴她们当然希望大家不要去吃这些动物。但是从现实来看，“吃肉”是很多人的切实需求，不可能要求人人食素，所以，我能做的只是让护生园里的动物的境况、待遇得到一些改善。

一样手艺

接触公益的次数多了，我发现这个领域是很丰富、很立体的，并不仅仅是高大上的慈善晚会、苦不堪言的穷山恶水、枯燥高深的专家理论。公益是多面的，让我有机会选择自己能接受也能做到的。

在上海时，我偶然听说有个公益组织要利用“弃资”做一场活动，用闲置毛线钩编一些帽子去帮助贫困儿童。我觉得这是一件很好的事情，可以把有闲的人和有闲的物资结合起来，将被需要的东西送给需要的人，这很完美。

我之前几乎没做过手工，从未碰过钩针，更是想也没想过要钩编什么毛线。但想着自己动手能力还“在线”，于是就壮着胆子报名参加了。2018 年 12 月的这场活动的发起人手把手地教大家如何钩编一顶帽子，用的都是一家工厂要处理掉的闲置毛线。帽子对我这个新手来说看似是个“大件儿”，但我上手还挺快的，因为始终就只用一种针法，而且老师就在身边，我随时问，老师随时教。最后，我还学着做了个小毛球缝在帽顶。时间不知不觉就过去了，每个技术点都让我觉得特别好玩。

我的第一件钩编作品诞生了——一顶帽子。正值冬天，不仅仅只钩这一项，需要钩很多帽子，有的进行捐赠，有的义卖后将钱捐到贫困地区（我记不清是广西还是贵州了）。这第一顶帽子对于还是新手的我来说很适合，一方面难度不太高，另一方面也使我很有成就感。

第一件作品

学会了做毛球，很好玩

一场接力

学了这个手艺之后，我感觉自己找到了和公益的那个连接点。开始不停地利用“弃资”钩编，就像上瘾一样，完全被这来回绕圈的手艺吸引了，连坐车时都手痒得想钩点儿什么。

刚到北京的一段时间，每天上下班坐公交，路途中的时间挺长的，我就想着这个时间不能浪费，很适合集中注意力做点事情。首选看书，其次才是钩编，因为在拥挤的公交车上飞针走线，太不安全了！

遇上车里人少的时候，我就埋头钩编。那时候就是一门心思觉得这个好玩，总是特别想钩，而当我一旦开始，就特别想把作品完成。沉浸其中的我，完全看不到其他人，也就看不到别人对我“走

随时随地在钩编

到哪儿钩到哪儿”的眼光和态度是怎样的。坐在公交车上的我在钩编，线上开会时的我在钩编，出差路上的我继续在钩编……但是，我有一个原则——不会把这样个人爱好带到工作场合。进了办公室，就收手。

那段时间，我感觉自己和公益走得更近了，就给自己定了一个阶段性目标——要做一点公益方面的事情。想起自己熟悉的这个小技能正好可以派上用场，于是将上海的“弃资”钩编活动复制到北京，把这个有意思的事情推广给更多的人。

我把主业之外所有醒着的时间都用来做“弃资”钩编。每天晚上下班之后，上网搜好看的钩编图案，自己一点一点尝试摸索，熟练之后就在周末钩编活动上教给大家。当时，几乎每个周末我都会扑在“弃资”钩编的活动上。保证这样的活动新鲜度和频率，主要是因为我想尽快让大家知道这是一个很稳定的有意思的活动。

组织这些活动的时候，我不太专注于某一个人能做成一样什么东西，我会更关注活动整体的力量。我希望看到一场活动让大家共同成就了什么，比如有人想学，我把他教会了，他又会吸引其他感兴趣的学生，他再认真教，会不会有越来越多的人成为“弃资”再利用中那个闪光的点?

一个朋友

参与的人确实越来越多，每一次活动上同样的教与学，每个人都不一样，形形色色的，但并不是所有人都会坚持将“弃资”钩编做下去。在“觉得好玩”之外，还需要有一点动手能力，有一点耐

环保市集上教小朋友们用废线钩编

心，再有一点闲工夫可以持续跟老师学上一段时间。活动中最常听到的问题就是“我怎么做不出来？我做了这么久，怎么还做不出来？”心急，很快就放弃了。

我印象最深的是一个叫“樱花草”的姑娘，她和我一样是被公益打动，才来参与这件“挺好的事情”的。在那场活动上，我手把手教大家钩编，第一圈钩多少、第二圈钩多少……她很认真地学，很安静地做，话不多，但上手很快。

让我没想到的是，之后的每一场活动，她几乎都会坚持来参加，都是踏踏实实地坐在那里安静地钩编。她说，第一场活动接触下来，很喜欢“弃资”钩编，回到家也闲不住手了，想继续钩点什么。活动结束，她就再挑一些闲置毛线带回家。不久之后，“樱花草”带回来了一个特别小的粉色八爪鱼挂件，可爱极了！是她用“弃资”自己在家琢磨着钩出来的。一团闲置毛线，通过我交到一个人手里，并给她带来骄傲和笑容。快乐是多么简单！

喜欢的人，不求回报，“樱花草”就是这样的，她只是很单纯地喜欢“弃资”钩编这件事。我俩就这样，一线牵成了好朋友。

一笔买卖

钩编好的成品，我得空也会拿到市集上去义卖。然后一笔一笔认真记录下来，虽然收钱不多，我也希望能以严肃的态度将大家的爱心用到合适的地方。

但这买卖也给我带来了一个新的困扰。一些作品并不是很打动人，但若听说是公益，所得善款是被用来帮助别人的，那这样的东西就会挺好卖的。大部分人在买的时候，更多的动念是去做一个很有爱心的事情，而不是因为真的需要这个东西。但对我来说，闲置的线经过我的手改造之后，我希望它变得有用，是真的能被用上，

市集义卖

而不是换个地方继续做闲置。我不想看到大家出于某种感情冲动而买走自己实际并不需要的东西，这样，即使全部卖掉，也算不上是有意义的。

去做一件事情的初心，一定要特别的真实，然后会在一个很安静的氛围里看到自己做这件事的缘由。如果我贴上环保的标签去做一些很不成熟或者并非消费者真实需要的产品拿去卖，这行为本身就很不环保。什么包装也不能粉饰“消费主义”的小怪兽。

一次环保市集上，一位咖啡馆老板直奔我的钩编摊位而来，他说特别喜欢市集预告图片上的那款“祖母方格”，又知道这个东西是用闲置物品钩编的，令他感觉更合心意。因为闲置毛线每一种的数量都不大，很难保证同款出一批，多数作品只能是独一份。他看中的那个没有了……他说，一个杯垫，自己也不急用，可以等。于是，我们愉快地达成共识——来日方长。

在我看来，虽然买卖不成，但这件事本身就已经让我收获了能量。这样的选择才是我最期待的那种流转方向，因为他这种对旧物的态度和我的很契合——不介意用旧物，选自己需要的旧物，用不急不躁的态度等待合适的旧物。即使是旧物新生，即使献爱心，也要秉持对社会、对环境更友好的原则。

一团毛线

清楚自己想要什么，等待合适的线，这样的人也不在少数，在活动上总能遇到。这些人，这些想法，让我有动力继续去做这个事情。这就像线团一样，绕来绕去，我面对的就是“正面”。无论要等

钩编需要用到的毛线球

钩编作品

待多久，无论要钩编多久，手上的线总能搭配出美物，每一样作品总能为我带来惊喜。

有时候，捐出去的东西未必真的是对方需要的，入手的线也未必是自己真的需要的。

毛线，其实是挺有年代感的一样东西。也不是说现在没人织，但真的不像曾经那样普及了，毛衣、毛裤、毛线帽子、毛线手套、毛围脖、毛袜子……活动上，能带毛线来的多数是上了年纪的阿姨。她们都特别棒！有手艺、有时间、有耐心。

之前活动上用的线是来自苏州一家工厂的下脚料。我自己也会到二手商店买毛线，甚至刚开始热血沸腾钩编的时候，看到好看的线就会买，买回来又发现有些太细不合用、有些颜色单调。真正想钩东西的时候，还是没有合适的线用。这样一来，线就“砸”手里了，有的直到现在也没能用上。结果，每次搬家还都要打包带上。

现在，我基本上很少买东西了，如生活用品和衣服，也包括毛线。实在需要添置的，也会先从二手渠道去找一找。这世上的东西已经够用了，没必要再去消耗资源制造新的。而且我也尽量争取在购买过程中低碳一些，买东西时是不是会有太多的塑料包装？网购时的盒子和胶带如何分类回收？在更便捷、更环保中有没有兼顾的解决方案？

从前一直钩个不停的我，现在也慢慢停下来了，没遇到合适的款式就不钩，没遇到实际的需要就不钩，钩出来闲置也一样是浪费，浪费线、浪费时间、浪费精力。拿掉“环保”的罩衣，不要听自己今天说了什么，诚实地看看自己今天做了什么。

在餐厅也“钩编”

我的旧物告别主张：不被需要的旧物就让它好好离开

上中学时，我看到一些好玩或好看的文具就想入手，印象最深的是一个有着奇怪绿色外皮的本子，中间有一个镂空图案，衬里是很亮的红色，当时觉得颜色很特别、很有创意。我真的很喜欢这个本子，经过这么长时间，仍旧觉得它很特别。似乎也没有遇到什么心动的内容，一定要放到这个美美的本子里。况且现在大家都用手机和电脑，真正能用到本子来写东西的机会也越来越少。

今后也不一定会用到这个本子，但我会留着它。因为在我心里，这已经不是一个简单的本子了，它就是一个很美的东西。我想留下这份“美”。

可那个时期买的文具太多了，到高中时代结束都没用完。甚至，直到现在我家还存着那时买的全新的本子。自买了之后，就扔在家里，没有再去理会它们。似乎是在商店看到它的一瞬间，我就被一个念头抓住了，那就是我必须马上占有这样东西。无奈我与它只是萍水相逢的“泛泛之交”，终究没能做成弥足珍贵的“好友”，反倒是成了尘封在储物箱里的“鸡肋”。

现在，再站到琳琅满目的文具货架前，我不会买了，因为我不需要，所以也就不会看这些东西。有些东西成了“朋友”，很难抛弃，然而在看清自己的本心之后，那些没能成为“朋友”或者不被需要的东西也同样不必放在心上，不用抓在手中。

市集

【番外篇】

印象最深的旧物是什么?

自行车。

我有一辆很喜欢的自行车，在上海买的，跟着我走了好几个城市。

带到各个城市的自行车——在无锡客运站准备启程去上海

我的第一份工作在无锡，这辆车的第一次远行是从上海到无锡。运输前要把它“大卸八块”，到了无锡再拜托朋友帮忙组装起来。我每天都会骑车上下班，后来，我又和它一起坐大巴车从无锡回到了上海。当时还特意为它在无锡客运站留了影。在上海，我住的地方距离办公地点不近不远，路也挺窄的，正适合骑自行车。有时候下班很晚，会错过地铁末班车，有辆“坐骑”很踏实。

之后北上闯荡，一切安顿好之后，我又开始为它筹划。在北航附近找到了一家可以帮忙组装自行车的专业店，请上海的朋友帮忙把它直接寄到了北京这家店铺。师傅帮我组装完毕，保养好了，还换了新刹车，通知我下班后去取车。那一晚，是我第一次在北京骑那么长的距离，天已经完全黑了，路也不熟，就这么摸索着终于骑回了家。它每天在小区楼下等我，我俩顺着三环路去上班。

它成了我的主要交通工具，几乎每天都会骑。即使现在到处都有共享单车，我也觉得还是它最好骑！最方便！

与旧物告别，我会说:

希望你会再次被利用起来。

我今后最希望增长的“环保新技能”:

多了解代替塑料包装的方式，实实在在减少塑料袋的使用。

旧布乐意

针脚缝就阡陌纵横，周道如砥

旧物

新 主 张

我叫偌君，老家在河北，从小在北京长大。

布艺纯属个人爱好，和我的专业一点都不搭调。我一直在电子行业工作，从事 ISO 质量认证体系维护、资质管理方面的工作。

年轻的时候，我确实喜欢织毛衣，但说到“布艺”是真没接触过，当时没有这方面的资源，网络不发达，关于布艺的手作书也难觅其踪。我记得在 20 世纪 80 年代末，偶得一本杂志《家具与生活》，里面主要是讲怎么打家具，只有一页是讲如何做手工的，当时看着挺新鲜，心动了，可手没动。

有那么一种人，见了漂亮布就走不动道，我妈就是！她年轻时候买，岁数大了也买。可能是有遗传因素，我终于还是在几十岁的年纪和布扯上了关系。14 年前，恰逢狗年，我壮着胆子用两块小布头缝了一只小狗，成了这辈子第一件手缝布艺作品。

从此，一块块布头拼接成了我的闲暇时光，几乎所有的闲暇时光……

做拼布的偌君

一件棉猴儿

我成长的那个年代似乎没有“淘汰”这个词。那时，做件合体的衣服要去裁缝铺，裁缝怕布买少了不好裁，都会让顾客多买点儿以备不时之需。所以，我知道了谁要到外边去做衣服，就叮嘱人家帮我向裁缝讨点漂亮布头，不知不觉也攒了一大堆。

亲朋好友得知我收集布头，把家里两代人的经年存货都给我送来了。同学的爸爸喜欢用缝纫机做活儿，老人家去世后，我同学就把所有布都送给了我，觉得我这里应该是这些闲置布的一个好去处。我用其中一块布为我家电风扇做了外罩，算是对逝者的交代吧——曾经喜爱的东西没有被人丢弃，而是被另一双手捧在掌心缝着，珍爱着。

正经衣物更是不容浪费。我儿时的衣服，我儿子的衣服，通通都被我妈下令“不许扔！”

我儿时的好几件衣裳，直到我儿子出生之后还留着呢。当时是打算等他身量适合了，就给他穿的。其中一件蓝色条绒的棉猴儿，是我妈为我做的，崭新崭新的，看起来就让人觉得踏实又暖和。后来，我儿子也没穿上，送给亲戚家的小孩了。

那时，在我妈的监督下，旧衣服全在家存着，说是要留着给妹妹、弟弟或者亲戚家的孩子接着穿。家里从没有扔过衣服，全都找到接班人转移了。

小时候衣服不多，老是穿一件衣服，特别容易破。现在就不同了，衣服多了，换得也勤了，身材没什么大变化的话，一件衣服穿很多年也难得听见谁说“衣服磨破了”。

一次捐助

闲置衣物越来越多，我就想着怎么能不浪费它们。

10多年前，我第一次跟着朋友去贫困山区捐助，给孩子们送一些书，给村民们分一些衣物。我觉得这法子挺好，用一个地方的闲置物资去支持另一个地方的生活需要，好好的东西不用扔，给它们找一个出路。

我开始招呼亲戚朋友和老同学，我们把各自家里闲置的日用品、文具、衣服都送到河北省张家口市的崇礼县和山西省大同市的贫困小村，每年走一趟，两个地方的风光都不错，有草原、有古长城，我们也全当去旅行了。

那会儿还没微信，每次都是在QQ里发个消息，大家把闲置物资集中送到一个地方，我们再从这里装车出发。有位上了年纪的大姐把自己当年出嫁时的好多绣花被也送来了。我用大

布艺作品

家捐来的闲置毛线，织了好多顶帽子，给村里的留守老人和小孩。

每次捐来最多的闲置物品就是衣物，多是由于主人觉得款式不时髦了，就果断被淘汰了。但去了一两次就发现，在你眼中美美的薄裙子、高跟鞋，村里人根本就不喜欢，最受他们欢迎的是棉衣、毛衣、毛背心这种厚实保暖又结实耐穿的衣服。

在我眼里，将闲置品从一处搬到另一处继续闲置，这样的捐赠算不上是“好心、好意、好事”。我们再发征集物资的消息时，就会言明又薄又短的裙子、半袖、吊带……是不在捐赠之列的。

冬天，我去山西农村捐赠物资的时候，偶然发现家家挂的棉门帘全是布拼的，都是由农妇亲手缝的。我高兴地一下子拍了好多照片。想想近十年开始玩布艺的一些人，不少都是循着日本的拼布风格学习的，所以特别痴迷于日本质量上乘的先染布，还有些人学着韩国、美国的拼布风格。其实，无论哪里，最初的拼布都是用旧衣服、旧布拼的，这门手艺正是为了延长物品的使用寿命，为了节约和节俭才产生的。

一堆边角

上一个狗年，在亲戚家看到保姆绣的一双十字绣鞋垫，特别好看。我也临着样子绣了一对，然后就琢磨着别老照着身边人的绣样来，于是就去网上看看有没有其他款式的十字绣鞋垫。

无意中的一次互联网搜索，让我发现了一个神奇的手工世界，眼前逐渐展开一片新天地。当时没有朋友圈，也没有博客，只有论

布艺小狗——我的第一份布头手作

旧裙子做的叶子

坛，我偶然登录了一个拼布论坛，不由自主地开始天天看，看得多了，手开始痒痒了。只在论坛上看，我觉得不解渴，就开始参加论坛里布友们的线下聚会，看图示、面对面听讲解、现场直接一横一捺地开始码针脚，学起来更明了，进步更快。

在这样的聚会上，大家带来的也都是新布，有着小小的攀比，可以见到各种进口货，好多人根本不用国产布，有人就认日本布，甚至此时的拼布也不再用布头，大家会把新布裁成小块儿，再用来当拼布的物料。这种时候，我若提议用点旧衣服、旧布、布头，好像显得特立独行，特别破坏气氛。“人家不使！就你使！”为了大家的好心情，我选择沉默。我的理智告诉我，在不适合的情境，对着不适合的人群，说不适合的话题，结果只能是不适合的尴尬。

用别人闲置的十字绣剩线绣花

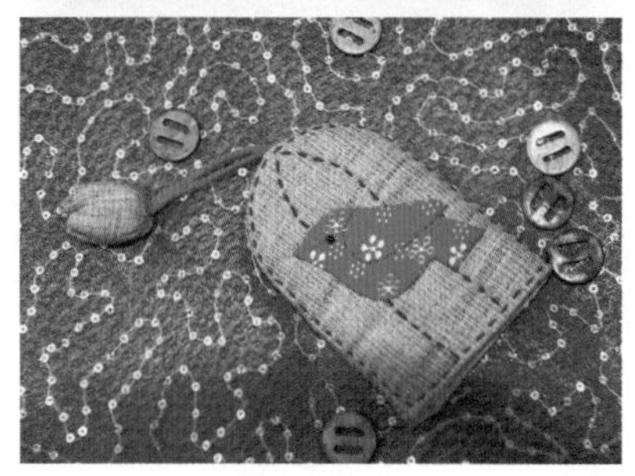

鸟笼钥匙包

我用新布，但也不排斥旧布。回到我自己的生活中，闲置和旧的织物就足够我用的了，甚至看着哪一件旧衣服的花色好或质地合适，就拆了当布料用。

有一家被服厂，总有麻衬下脚料被当成废品弃掉。有些人就会捡回家，用这硬朗的麻衬边角当刷碗布用，摩擦给力还不沾油，着实好用。我也捡回一些，缝了我第一个钥匙包，看起来像个鸟笼，上面还用丝带绣了花。说实话，麻衬并没有棉布耐久，毕竟只能做衬里用，质地有些脆，但可以做为钥匙包再用上那么三四年也是好的，总比直接废弃了强。我把自己的作品——鸟笼钥匙包送给了上海的一位布友。

从这个钥匙包开始，我的布头手缝就再没有停下来过，一直在学在做，也渐渐加入了更多的旧物元素。

一根吸管

其实，针线活儿大部分都是源自最基本的生活需求。现在流行的刺子绣，最初也是因为日本平民不被允许穿棉质衣服，但麻衣的保暖性差，冬天实在难熬，所以聪明人就想了一招——用棉线把一层层的麻密密实实地缝在一起，这样一来不仅穿着合规矩，而且衣服厚实还绣着漂亮花纹。

过去的苦难演变成了今天的艺术。所以，知道了究竟，我不再特别纠结于用料的新旧，只专注于心，专注于我对待它那份诚心诚意的态度，布艺在我心中更加“厚重”。

两只闲置的毛绒玩具，一只巨大的狮子，一只巨大的老虎。实在占地儿，也没处捐赠。我就把它们全拆了，抽出里面的“瓤”，清洗留存，不用再买填充棉。

光盘，曾经风靡一时，现在成了闲置品，它摇身一变，成了我布艺笸箩的圆底衬，四围再填充上棉芯——毛绒玩具中抽出的“瓤”。这件成品是我的旧物改造心水之作，带着花色各异的它们参加同学聚会，送给大伙儿当礼物。同学中做手工的不多，此番操作不会引导大家用废旧布头做点啥，但每个人手里托着笸箩都挺开心的。听完我对笸箩物料的一番解说，大家也都认可我说的“再有这类旧物，别直接扔垃圾箱，一定要过个脑子，先和我报备一下，过

废旧光盘做底衬

手工布艺笸箩

了我这一关再说。”

这个夏天，我应景地缝了一片大荷叶来盖茶具，用布卷成叶柄当提手，有点儿费布。我就琢磨，这布里包个什么东西能让它变成一个圆柱？吸管！这个想法，让我兴奋不已，我赶紧翻家里的存货，找到几根喝汽水的长吸管，太软，不行。而与酸奶配套的吸管又短又硬，正好合适。况且在家里喝酸奶，我们都是用勺舀着喝，当时想着，干净的吸管还能作为塑料再送到废品回收站，就没扔。这下子，全给用上了。

塑料吸管做的荷叶柄

和大家分享了这个创意之后，有人立马说要帮我攒吸管。我并不鼓励大家特意为我攒什么，我不想为了手作而刻意制造闲置品。如果为了做所谓的环保手作，就去饮料店、奶茶店抓一把吸管当物料，那就更可笑了。那样，就已经失去了废物利用的初衷，不能算作是“物尽其用”“变废为宝”了。

一块布料

既然我要力行环保，在做布艺的很多细节上都会考虑是不是符合环保理念。最根本的一样就是面料，不管是新的还是旧的，不论是大块的还是零头儿，我都会选棉麻这些天然材质。

不光是面料，包括线材也是，我帮山区孩子织的冬帽、围巾，更不会选化纤的，这种面料起静电，想着孩子们戴上都难受。天然

用旧衣服、旧被面、碎布头、裁缝处收集的边角料制成的布艺品

材质更加亲肤，也不扎肉。

记得我小时候，布店里摆的条绒、线呢、府绸、平纹布……琳琅满目，全是天然面料。我妈特别喜欢买布，为全家人做衣服，不光为我们这个小家做，七大姑、八大姨和孩子们的衣服几乎也全都包下来了。过年的时候，我妈会买一块布呢，为我做一件罩衣。

20 世纪 70 年代之后，商店柜台上开始出现“的确良”，就是涤纶，一时间成了一种时尚。因为纯棉的容易出褶儿，“的确良”穿起来更挺括利索。那会儿，“的确良”的衣服就是时尚，特别时尚。连我妈这种上了岁数的人思想也慢慢转变了，买了好多化纤的东西，之前她用缎子为我做棉袄的习惯也改成了用尼龙缎。不为时尚，就图结实、不容易坏、便宜！

老人的观念是衣服恨不得穿一辈子。那一代人的环保叫“省钱”，但现如今我心中渐渐清晰的环保理念，绝不是图便宜和省钱的事儿，它与更多人的利益相关，让一个更大的“家”能够可持续发展。

化学产品成本低，挺括又不打褶儿，经过几十年不断洗脑，身边人穿的戴的基本全是化纤材质了，认可纯棉麻的人越来越少。但我一直觉得化纤材质不舒服。

最近几年，天然材料又有了回暖的苗头，随着环保理念的普及越来越深入人心，大伙儿又开始逐渐推崇纯天然材质的面料了。很多人喜欢我的布艺小品，一个是因为手缝的针脚让他们觉得温暖，另一个就是材质给人一种舒适感。这也是我做布艺的幸福所在吧，用一份慢慢制成的手作疗愈了自己，也因这份用心的手作疗愈了别人。

一个市集

我下班后和周末休息日的时间，几乎都用在做布艺这一件事上。到了 40 岁，想着天天窝在家做手工也不对劲儿，身体再给窝坏了，于是，我开始每天都出去散步、慢跑，得空再旅游一下。

出去旅行的时候，也都是带着准备好的活儿，裁好了的布样和针头线脑都不能少。一路上，这手不能闲着。带布之外，更省事的就是带上毛活儿——10 多年前，我就带着半截毛裤去新加坡出差，在飞机上织毛裤。前不久，坐游轮去西沙群岛，在游轮上钩了好几顶帽子，用完一团闲置毛线就换一团继续钩，这几顶帽子也算漂洋过海，畅游南海了。

还有一项我极为喜爱的活动——市集摆摊。

辛庄环保市集是我的人生新起点，最初摊主不多，固定的也就七八个，和我一起爬山、一起旅行的“驴友”就是其中一位。她觉得我的手工做得很好，就叫上我一起去市集摆摊。2015 年初冬，我带着自己的一些布艺手作第一次参加市集。一位学生家长喜欢我做的布艺苹果。

微信截图

“多少钱？”

“10 块钱。”

我从来没卖过东西，十分不好意思地开口应答。

“做得这么好，怎么才 10 块钱？20 块钱吧！”

环保市集

布艺苹果

这个苹果是我卖掉的第一件布艺作品。开张了！居然还是顾客给定的价。

从此以后，我的苹果就卖 20 块钱一个了。

多善良的主顾，不跟你砍价，还给你加价。参加市集，让我可以把旧物流转给其他有需要的摊主伙伴，再不用都自己存着了，我也可以在这里淘到自己需要的闲置品……这一切都来得那么幸福，让我爱上了市集、享受市集。

有一次在市集的闲置分类区，正好看到有人淘汰了两轴线，我就捡了回来。后来我又向市集志愿者打听，是不是还有闲置线，第二次再来时，志愿者竟然找了一麻袋的线让我随意挑。我选了自己需要的藕荷色。

闲置物资再多，也只取自己需要的，不能生出贪婪的心，既要惜物，也要知止。要是都想霸着，一来我没地方放，弄好多线搁家里，也是闲置；二来我也用不掉，因为我仍旧想坚持做慢悠悠的手缝，这样速度上不去，对线的消耗量就不是那么大。弱水三千，那一瓢就足够我饮的了。

我也在慢慢影响着身边的朋友。我的同学六子，虽然从小喜欢鼓捣东西，但他从来不做手工。有一次，他买了一根崖柏枝，将其截成了两节，一节做成手把件，一节做成了茶匙。我邀请他一起去环保市集，在我的摊位上腾出一个小笸箩放他的这两样木器。摆上不一会儿，就被一位姑娘包圆儿买走了。六子从此一发不可收拾，专门去市场挑破料头，端详半天再想了又想才能决定将其做成什么工艺品。现在他也是环保市集的一名明星摊主了。

我常常骄傲地说起环保市集上的各种环保主张和各种环保手作，兜兜转转，有些素未谋面的朋友也被吸引来了。有一期市集，一位女士到我的摊位前来打听我，一聊才知道，她是做蓝染的，通过我知道了环保市集，于是也报名来参与。后来，她也爱上了环保和环保市集，我俩不仅能在每月一次的市集上碰头，还一起到社区去参加支持旧物改造的环保宣传活动。她也一直特别感激我把她带入环保市集，并感激环保圈的所有朋友。

这一路上，我得到了太多人的鼓励。之后，我也会用话语、用行动去鼓励他人参与旧物改造，让更多人看到自己进行创造的潜质。

2019 年 4 月，我退休了。这下真的可以全身心投入到手工制作中了，我还在学习用薯莨和紫苏等中草药染布。用“玩儿”的心态做旧物改造，用“玩儿”的心态到市集展示，内心不焦虑，脸上大写意。

我的旧物告别主张：尽可能延续旧物的生命，给它一个恰当的归宿

随着年龄的增长，原来那些不舍得用的漂亮布、高级布，现在也舍得用了。我觉得，再好看的布，闲置着也没有什么意义，有适合的机会就把它用上，这样这块布才有价值。漂亮布，我攒了一堆，又舍不得用，日复一日地堆在那，对布而言，并不是一个恰当的归宿。

布没有什么舍不得用的，作品也没有几样舍不得告别的。

以前我做了一个特别大的壁饰拼布作品，是目前我做的唯一一个，不再复制了，没有必要，也没有心力。所以这个作品就没有流转出去，我自己收藏了。除此之外，再没有“舍不得”。最初我并没有考虑过出售作品，手痒痒，想缝又闲不住，最好的办法就是做完分享给大伙儿，送亲戚、送朋友、送同学……我也快乐！我既享受了制作过程的快乐，又收获了分享成果的快乐，有这样双重的快乐，何乐而不为？

布艺杯垫

布艺桌垫

旧物

新主张

【番外篇】

印象最深的旧物是什么?

娃娃。

小时候，我有一个布娃娃。只有脸是塑胶的，不是那种软塑胶，而是像乒乓球似的那种硬塑料，娃娃戴一顶睡帽似的小帽子，身体的其他部分全是布的，布里边塞的好像是稻草，布胳膊、布腿、布身子，看起来也不太结实。

当时，我特别羡慕邻居家小朋友全身都是塑料的娃娃，可以给娃娃换衣服。后来，我在旧货市场还看到过。

我也不是对自己的娃娃不满意，小时候也挺喜欢的，但就是羡慕人家小孩怀里那款比我高级的全塑料娃娃。那个布娃娃一直玩到了我上小学之前，之后它的去向我就不记得了……

与旧物告别，我会说:

妙手回春，化腐朽为神奇，我可为之。

我今后最希望增长的“环保新技能”:

能挖掘和学习更多的废物利用方法，利用时对环境也不会产生不良影响。

废扣子 + 碎布头 = 精巧小物

食物，全食物

心不在焉，视而不见，听而不闻，食而不知其味

旧物

新 主 张

我叫豌豆，北京人。当下的我是一个观察者，也是一个记录者，通过观察和记录我每天的饮食，来检视我每天的生活。

豌豆

我曾经是一个思考型的人。如果说思考、行动、情感要排序的话，思考绝对是打头阵的，其次是情感，最后是行动。我从小到大都被周围的人定义为“学霸”，学知识是我最大的兴趣所在，思考永远先于行动。

渐渐地，我发现了自己情感需要的那部分，需要与他人连接的那部分，而且这些往往不是能“思考”来的，要有行动。我开始想更了解我身处的这个环境，以及我身边的这些人和物，就像《瓦尔登湖》的作者梭罗，也像《杂食者的两难》的作者迈克尔·波伦。在对任何事物产生兴趣之后，我虽然会查很多很多书，但更渴望去亲身实践。这大概就是我与这个世界相处的方式——永远都带着好奇心，想要去了解更多，想要不断去探索。

在我发现自己离自然越来越远时，食物几乎成了我与自然仅存的连接点，因为这源于对自己和对家人的爱，所以我自然而然地把探索的目标聚焦在了“食物”上。从 2017 年 12 月起，我每天记录“我吃了什么”和“它们从何处来”。食物给了我一个切入口，让我可以感受生命，可以了解我和一物、我和万物之间的关系，寻得一个真相。

“是谁来自山川湖海，却囿于昼夜厨房与爱。”

一棵大树

翻开儿时相册，一张旧彩照是我的最爱。妈妈为我做了一件红色法兰绒坎肩儿，坎肩儿上绣着一只漂亮的小鸭子，我穿着它坐在四合院大房子里的一张大床上，有阳光洒进来，我在开心地笑。只要说到童年时光，我脑海里就会浮现出这个四合院。我家住的三间北房，前面有两棵大香椿树，东西各一棵。

夏天，我搬个小板凳坐在很大很大的树荫下，煞有介事地拿出田字格本，练习写自己的名字，为上小学做准备，但我的姓“窦”字太复杂了，照着大人写好的字头，一笔一画练了很久也练不会，最后我就认真练习写土豆的“豆”。现在想来，这可是写了满篇食材呢。

上了小学，我爸每天中午回家为我和我姐准备饭菜，瞅准他转身刚一出门去上班的时机，我们姐妹俩就赶快跑到院子里去爬树。有一次，我姐先爬上树，远远望见我爸忽然杀了个“回马枪”，来不及下来，就索性“猫”在树上不出声。我爸走进院子，看见我一个人懵懵地站在树下，“怎么不睡觉？你姐呢？”我朝树上一指……

到了开春，我们就每天盯着香椿树的枝丫，终于冒了一簇簇新芽，赶紧请缨手脚麻利地爬上树摘香椿芽。嫩极了！四合院里的三家人分一分。有时，用开水焯一下，再过凉水拔一下，和豆腐拌在一起；有时，裹上面糊糊，过热油炸成金黄的香椿鱼；有时，打俩鸡蛋和着香椿碎一起或炒或摊。

有什么新鲜好吃的，都会东屋西屋的张罗大家一起分享。“合作社”门口盖着大棉被的冬储大白菜，为了过冬一锅一锅蒸制的玻璃瓶装的西红柿酱，这些已经是很久以前的记忆了。

现在我自己的家也有一个院子，院子里也有一棵大树，是一棵桑树。春天采嫩叶，可以直接吃，当然蚕也爱吃；夏天吃桑葚，生津止渴，除了直接吃、打果汁，还会熬桑葚酱、泡桑葚酒，烂掉的就堆肥；秋天下霜之后采集一次“霜桑叶”，晾干或焙干泡茶喝，提神、去火、利水；冬天的桑根白皮，可以利水消肿，我得空会试试刨一点儿。

一盘饺子

小时候，我妈问我吃什么，我从来都答：随便。

好像那桌饭菜究竟怎样与我没有太大关联，我的一日三餐就是为了填饱肚子。厨房里的锅碗瓢盆铲勺刀，那更是“事不关己，高高挂起”。寒暑假在家，午饭也都是年长我 3 岁的姐姐下厨。姐姐 18 岁那年出国留学了，为了解决基本需求，我不得不第一次站在灶前，做了人生第一份炒鸡蛋，那个时候的我甚至都不知道炒菜前锅里要放油。

但正经开始自己解决吃喝问题，是从留学日本 5 年的独立生活起步的。印象极深的一次，是我忽然特别想吃饺子，就赶紧去超市买食材，从挑选一袋面粉、一棵白菜到亲手和面剁馅儿，最后我吃上自己包的白菜馅饺子，前前后后一共耗时 3 小时。第一次独立包饺子，78 个！除了自己那一盘，其他的都冻起来了，分好多次才终于吃完。

在那段“独自觅食”的时光中，我最爱看的就是一档美食节目。

我的关注点仍旧不是如何烹饪美食，而是看日本家庭主妇如何更有效率地做出一顿饭。因为我觉得吃饭是会占用很多时间的一项日常活动，所以“让做饭更简单”是我精进厨艺的唯一目标。让我大吃一惊的是，塑料袋竟然是厨房的提速法宝。处理所有食材时都用塑料袋，这样就可以将袋里的厨余直接丢进垃圾桶，搅拌也是把食材和调料都放在塑料袋里，要一个人用餐的话，搅拌之后都不用再装盘，最后的剩菜随着塑料袋一起扔掉，省得刷碗了。我真是大开眼界了，惊喜地发现居然还可以有这么省时间的妙招。我照做不误！直到后来我发现了更简化的方式——去食堂打工，直接吃食堂的饭，根本不用自己做饭。

后来又觉得，每次出门前从众多衣服中找一身合适的，也要花很多时间，所以日本作家出的《断舍离》和《怦然心动的人生整理魔法》，我都是第一时间火速入手。最初的想法就是为了节省时间，把我所有的衣服都拿出来，集中到一个屋子，举起书开始理论联系实践。虽然也处理了一些，但是大部分衣服仍旧堆在那里无处安置，书里所有的方法和妙招，我都没能坚持执行下去。我做不到，也断不了！望着所有的衣服，我没有感觉，茫然不知从何下手。

我思考型的人生似乎确实需要一些行动力来帮我梳理一下——我究竟想要什么样的生活？真正让我理解“断舍离”，能够跳出来从一个新的角度看待新与旧，则是后来“偶遇”的食物。从某种意义上来说，是食物选择了我，让我感受到了生命的关联，让我从一个新的角度去看待循环。“断舍离”不是一个数量问题，而是一个方向。对我来说，减少一定数量的东西并不等于减弱我的欲望。

一份营养

2017 年，我开始尝试着做一件从未做过的事——每天吃几十种食物。这个“食物”是指源于自然、真实生长出来的、有生命的“食物”，而不是人工加工的“食品”。

起因是一位亲戚的“肺部阴影”，全家第一次认真展开讨论，关于生活习惯、空气、食物、心情、治疗方法等。我突然想起好几年前曾看过的自然养生，当时虽然万分赞同，但心里只觉得它适用于“已经生病的人”，健康的我不需要付诸行动。而在这次惊心动魄的家庭健康讨论之后，我决定试试。

在征得了父母和远方亲友的同意后，我组建了一个“家庭实践群”，从我做起开始实践。看书上写的每天大便几次、每天喝果蔬汁几杯、每天晒太阳几分钟等，我觉得，实在是太简单了。

最初的一周，亲友都持观望态度，只有我们一家三口坚持每天图文并茂地晒三餐，一丝不苟地打卡分享到群里。

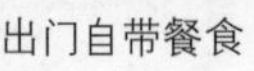
出门自带餐食

看着不难，做着不易，真正的力行常遇到各种关卡。书上推荐的很多食材都是我们平日里很少接触的，有一种叫“姜黄粉”的香辛料，亲友都没吃过，再加上各种翻译名称不一致，我上网查、买书看，弄了好久才搞明白它和我们常吃的生姜、老姜根本不是一个东西。那段时间，我常流连于各种市场的香料柜台，一样一样地对名称、看产地。

就这样，在兴起“帮助家人”的念头之余，我开始有了新的动力，越来越有干劲。从我们一家三口开始，慢慢影响了身边9个家庭开始更健康地吃喝拉撒。记录每天的饮食，也让我越来越清晰地“看到”当下的吃喝，在思考“我究竟该吃什么”之前，想一想“我究竟在吃什么”。

毕竟，自然界的东西并非都可“入口”。“吃什么”从古至今都是令人类焦虑的事情，甚至每天都在为此焦虑。身处都市生活中的我，所吃的食物主要来自农场或是有环保主张的市集。直接从倡导友好种植的农夫手里买食材，自己烹饪当地当季的食物，令我无须费脑判断，免了很多恐惧和焦虑。

“全食物”也在此后不久进入了我的视线。它是从英语 whole food 直译过来的大概意思是“未经加工或者经过极少加工的食物”，包括蔬菜、水果、坚果以及蛋、奶、肉、鱼……而像薯片、薯条、蛋糕、速冻水饺等这些精加工的食物则不在此列。“全食物”在烹调时也以“简单”能保持食物本来的味道为最高标准。

而在我生活中的“全食物”实践，不仅包括全部营养，还有食者“全身”被视作一个有机整体、食材“全株”物尽其用、食者和他人通过用餐建立的“全体”关联、从种子到餐桌再到土地的“全程”食育。

一幢房子

限制了食材的来源，反而让我与食物有了更多的关联。在自然环境下应季生长出来的西红柿，和在大棚里反季节种植出来的西红柿味道完全不一样。人们都说“最好的药房是厨房，最好的药物是食物”，食物确实是可以帮助身体回归通畅的宝贝，尤其是健康的食物。

食者“全身”被视作一个有机整体。如果说身体是一幢房子，每天清扫房间、修补受损地方的“人”就是我们身体里的两位大医生——修复系统和免疫系统。好的饮食，就是在为两位医生提供足够的材料。

身体里有很多的好细胞，也有一些因为没有被很好照顾而“变坏”的细胞。所有细胞的生存来源都是食物。我吃健康食物多一些，就能帮助好细胞更强大，同时也能“感化”那些坏细胞，让它们通过正常的新陈代谢回到自然中去。如果我吃不健康的食物多一些，好细胞得不到滋养，坏细胞的队伍却日渐壮大，最后整个身体都会变差。

随着吃的食物越来越“好”，身体也越来越“聪明”，对吃的食物合不合宜有了自己的判断。我家曾经有一段时间吃生食较多，从 12 月起，我每天早上会喝一杯常温蔬果汁，但不同时期的身体需要是不一样的。初春的某一天，我突然就不想喝蔬果汁了，于是就改成了杂粮粥。一番请教之后，我才明白身体刚进入春天会胃寒，蔬果汁就不再适合饮用了。身体恢复了觉知，清楚自己的需要，我友好地去回应就可以了。

每一天应该吃的和想要吃的，如何取舍？我知道，我应该去做我该做的事，比如说每天认真吃饭、保证一饭一茶蔬、早上 4 点多起床踏青等。除此之外，我还有一大堆每天舍不下的事情和人情，吃得再健康，精神再饱满，到晚上也会感觉非常疲劳。

我突然意识到，如果那些“旧”不离开，食物的能量再大，也难得以“全”面发挥。这幢房子里，要舍掉的“旧物”并不是看得见、摸得着的不良食材，而是我的欲望，旧的饮食习惯、旧的吃喝爱好、旧的用餐时间、旧的人情世故……欲望总是勾住我，往另一边拽。

一幢房子里，有好有损，有抑有扬，有喜有悲。无论是习惯、念想、情绪，都有需要被清扫掉的“旧物”。在我吃饭的时刻，房子里的“善与恶”、“新与旧”也在交战。

一点厨余

从新到旧，食物每天都在循环，我也每天都在和它们做着大量的告别。每样东西都在属于它的循环里，我真正重要的东西已经得到了，剩下要做的就是如何负责任地告别，让食材“全株”物尽其用。

以前的我都是从超市购买食材的，并不知道这些食物在哪里种、谁种的、怎么运到超市的。但现在我的购物渠道和方式发生转变，让我更加珍视食物。从种植者手中接过食材的那一刻，他为了食材安全付出的辛劳也是有分量的，我对食材的尊重也是对他劳动的尊重。新的食材到我家，三口人你来洗、他来切、我来做，从瓤到皮、从叶到根都不要随意浪费。能吃的全部吃掉，如油菜的叶子和茎的软硬度不一样，我就用不同的方式分头烹饪；豌豆剥出豆子做汤，豆皮撕开两层，嫩的那一层炒着吃，玻璃纸一样的那一层用来堆肥；

晾干备用的各种果皮、菜根、叶子、种子——看似是厨余，其实都是可食用的宝贝

核桃吃掉果仁，用果壳泡的水来熬粥，然后再把壳晾干，送给朋友烧成灰做皂用。

菜都是不喷农药、不施化肥、不洒除草剂、不急于膨大或催熟的，买的时候，虽然可选余地小，也不就近，不算非常方便，但随后吃的时候却感觉到了踏实和幸福。露天种植的菜更有生命力，根、茎、叶、花、果实吃起来都很好吃，自然而然地就会都吃掉。食物的数量和种类也因此变得丰富了。

这样做，还能实现减少废弃的环保践行。所以平日里向朋友们学了很多不浪费的吃法——茄子皮可以腌制成小咸菜、莴笋皮可以切丝爆炒、西瓜皮和冬瓜皮可以晾干后用来煮水喝……

在万物的循环里，我们只是作为一名力量微薄的助力者，参与到某一环节中。看到食物的可敬可爱之后，我发现自己成为了一个对物“有情有义”的人。我不再是告别的那一刻才想起说“谢谢”，慢慢地，我发现自己的幸福存在于每一个与食物相处的节点上，我挑选时会仔细地轻拿轻放，我处理时会珍惜每一片根茎叶，我做的时候认真做，我吃的时候认真吃，心里始终充满感激。

万物皆备于我，还有什么不满足？通过食物，让我触摸到了“用餐”的温度，它代表了生命力，哪怕如米小。

一桌家宴

食物带来的温度，除了来自食材本身的力量，也来自我和全体亲友通过用餐建立的关联。

因为自有一套饮食习惯和作息时间，所以我家很久都没有邀请别人来做客了。我需要一个自己的安全空间，过多的交际会让我感觉个人空间被挤占。但我从 2017 年 12 月开始在有机农夫市集买食材，和农友交流越来越多，大家因为吃的共同话题而渐渐熟悉起来。他怎么种的？我怎么吃的？通过食材，似乎一下子拉近了大家的距离。2019 年，水到渠成地在我家和农友们小聚了两次，大家一起跟着长辈学做地道的褡裢火烧，享用着简单的美食，猜着食材源自谁的手劳作，叨念着环保农事的不易，赞叹着彼此的情投意合……漫无目的，却都关乎吃喝，一顿饭吃得阵仗过大，却也是洋溢着暖暖的幸福。

记录一餐丰富的食材

这样的聚餐就像回到小时候，每到周末，家人都肯定要聚到姥姥家一起吃顿饭一样，姥姥、姥爷、舅舅、姨……一大家子边说边聊。我结婚以后，也还是每周都要带着孩子回娘家、婆家吃饭的。

虽说只有十几个人，于我的性格而言，还是吃不消的，所以现如今我采取了新的“吃法”——每周，我都会约上三个闺密来家里吃一顿。因为我们都践行着零废弃生活方式，所以我们有聊不完的共同语言，我从没把她们当成客人，我吃什么，就给她们吃什么，不过就是比平日时量大一些而已，工作量不大，又能开心地畅聊半天。食物也成了我们的“情书”，我熬了 1 小时的桑葚酱、她刚从家里树上摘的杏、她院子里长疯了的马齿苋、她刚练手了一个全素胡萝卜蛋糕……春天，我们在树荫下一起野餐、夏天，我们去河道边一起采野菜……简单地“搓”一顿，简单地相处，简单地嘻嘻哈哈。

我的家里有一棵大桑树，夏天时桑葚像下雨一样落满地。我每年会做差不多 100 瓶到 150 瓶桑葚酱，自己留一些，其余都分享给朋友们。之前，我每年都会根据自己的心情选一种花色的彩纸覆在瓶盖上，蕴含着我不善于言表的情感，希望看到这片锦绣的人能感受到我“想着你”的心意。

这样的包装习惯，我在 2020 年戒掉了。没有多余的装饰，仅仅在贴纸的边角料上写好熬制日期，然后利索地贴在瓶盖上。食物给了我安全感，和大家因为食物相交也充盈着安全感，我原来寄托在物品上的情感已经有了踏实的着落，我与大家的连接不再需要某样物品来承载了。那张彩纸，不需要再去装点桑葚瓶了。

一趟历程

“咱们今天晚上吃什么？”这是小时候吃晚饭前，我最怕我妈问的一句话。

因为并不了解每个季节里到底有什么可以吃的蔬菜，也很少关注自己到底需要吃什么，所以是真的不知道如何回答妈妈的提问。我的回答总是“随便”。

我和妈妈一起买菜、做饭的记忆不多，家里很多家务活儿都是爸爸和姐姐帮忙。我也乐得躲在一边偷闲看书，免得在厨房那个小小的空间里碍手碍脚。今天吃什么？妈妈做什么就吃什么！

可现在，我都没机会问我孩子同样的问题。

16：00，“妈妈，我们半小时后厨房见啊！”

16：30，“妈妈，我先去准备晚饭了，一会儿见！”我赶紧收拾了手上的活儿，还没走到厨房门口，已经听见“当当当”切菜的声音，小厨师已经开工了，随后熟练地用十几种香辛料拌起了蔬菜沙拉。

17：00，餐桌上摆好了整齐的餐具，还有沙拉、拌西蓝花、煮海带、五谷饭。当我最先把自己面前的一盘西蓝花吃干净时，孩子对我说：“妈妈，看来你的身体很需要西蓝花。”说完，把自己盘里的西蓝花分了我几朵。

上面这一幕场景已成为我家的日常。出门买菜之前，确认家中

食材丰富的一餐

用院子里大桑树结的桑葚熬成的桑葚酱和一些腌制菜果

存货并写下买菜清单。到了市集，选购、算账、拎包，和农友交流食材背后的故事。回家后，记账、整理蔬菜、洗菜、切菜……这些是全家人一起分担的工作，小家伙也都会参与其中，一一尝试。就连去听农友分享，我们也会带上他一同前往。这是从种子到餐桌再到土地的“全程”食育。

其实，实践“在家做饭，吃好喝好”的生活也没多久，食物的“全貌”也才略知一二。就像有了孩子之后，我发现教育也是有方法的，《瓦尔登湖》里有这样一句话：真正的合作就是能够一起生活。食物引领我，让我意识到家的方向，我要和同路人，朝着家的方向走，探索这个世界。

愿我们每一个人，能细嚼慢咽每一个当下，借着食物获取能量，传递情感，检视生活，找到回家的路。

农场活动

我的旧物告别主张：检视自己的生活，找到回家的路

万事万物都有关联，而食物的循环则是一种更为特殊的“旧物告别”。这个旧物是通过“吃喝”与我产生联系的，在循环里，它始终都在，只不过换了形式而已。食物被我享用之后，成为旧物进入了土地，回到大自然，然后滋养出新物再回到我身上。当它回到一个可持续的循环里时，总会找到它应该有的位置。

记得《大学》里有句话——心不在焉，视而不见，听而不闻，食而不知其味。回到食物本身来讲，如果我们的心没有在当下，此时与自己连接就是断档的，那面对人事物，其实都很难与它发生连接。任何食物、任何一件旧物，都可能成为新的陷阱、新的枷锁来捆住我们；同样，它们也都可以成为指路牌，引导我们去找到生活的真相，找到回家的路。

冷冻桑葚和果蔬

一位老师告诉我：死得慢不等于活得长。因为，死和活是两个完全不同方向的事。与自己好好相处，看到自己的位置，看到自己和外在的连接，才会找到回家的方向。对我来说，食物就是我面前一个清晰的目标，引导转向、回归，让我看到我的欲望是什么，当下我想要的和该做的又是什么。

【番外篇】

印象最深的旧物是什么？

橡皮。

我攒橡皮是从小学开始的，一直延续到了高中。放学后，我就去文具店、小商贩、小摊儿看看有没有新款。我记得橡皮都特别香，有各种形状的，遇到食物、动物系列的，我甚至会很努力地争取攒全它们。

自带果蔬汁

攒了一段时间之后，忽然发现其实我周围的人比我更热心，大家觉得橡皮成了我的一个标志，想送我礼物时就给我买橡皮，我爸出国回来送我的礼物也是橡皮。

我大学毕业去日本留学前，封存了很多箱“旧物”，那些橡皮也在其中。直至现在，那些箱子都没有再打开，橡皮也还在里面。

与旧物告别，我会说：

谢谢你。

我今后最希望增长的“环保新技能”：

学习辨识大自然中的野菜、野果、蘑菇……就是想知道哪些可以吃。

废纸，年轮的延续

虽为人作，宛自天开

旧物

新主张

我叫张娟，土生土长的北京人，老强调“土生土长”，是因为确实自小的生活就离土比较近。我家住大瓦窑，地处四环路外，过去这里是农村，平房、田地、树林、小水塘……我就是在这样的环境下玩大的。

张娟

这份贪玩的性情，一直到选大学时还在主导着我，让我心里打定主意必须选与旅游有关的专业。研究各个大学专业时我发现，除了“旅游”，还有“环境”，听起来这“地形图”更丰富、更辽阔，感觉这个专业更好，能够去看世界。最后，我就考进了林业大学的生态旅游专业。

对于大学生活和未来职场，我满脑子都是自己的白领造型，办公室精英那种，特别神气！我觉得那个画面肯定就是我未来会去过的人生。但从大学开始，直至现在，我好像一直在“捡垃圾”，灰头土脸的。这时我才明白，“白领”只是准备大有作为的年轻气盛的我对职场主流人设的幻想。当时的我，并不明白自己究竟想要什么。

希冀踏遍世界各地的我，没有想到自己今后竟然会囿于一方小小的废纸，而且玩得不亦乐乎。

一次行走

如愿进入了心仪的大学，氛围令我感到莫名其妙的熟悉，校园里、教室中、书本上的所见所闻是和童年时一样的平房、田地、树林、小水塘……

废颜料再生纸垫底的小花草挂饰

学校有个成立于1994年的社团——科学探险与野外生存协会，英文名每个单词的开头字母抽出来是“S”“E”“N”“O”“L”，拼在一起谐音“山诺”，对大山的承诺，所以社团又简称为“山诺会”。听“山诺”这名字就充满“野味儿”，肯定是游山玩水、甚至荒野求生那路子的。这令贪玩的我神往之，于是义无反顾地加入了“山诺会”。

作为2000年入学的小学妹，我开始跟着师哥师姐们“玩”。每年一次的西山徒步，负重十多公斤，穿着迷彩服，组队从林业大学所在的清华东路一直走到鹫峰森林公园，一路上生怕掉队，要紧紧跟上自己的小组。走到最后，很多人其实都已经龇牙咧嘴地累瘫了，但大家都互相搀扶着到了终点。

那一瞬间给了我很大震撼，我第一次体会到“行走”的真正意义。

之后，从参与学校宿舍垃圾回收中知道了“自然之友”，从野外露营学搭帐篷中知道了“无痕山林”，从听说珍·古道尔到得知身边师哥师姐们参加大学生绿色营去白马雪山呼吁保护金丝猴栖息地、去可可西里去参与建设保护站等“壮举”使我发现“环境”不是一张地图、一片山野那么简单，“旅游”也不是一个背包、一张车票那么随性。去野外，去自然当中，会看到很多美景，身处美景之中是一件特别快乐的事，但其实这份美丽还牵连着一些环境的问题和事件，与我们的生活也息息相关。当时的我懵懵懂懂感觉到这些，但也说不清楚是好是坏，孰对孰错。

不知不觉间，我有了变化。之前看到树就是“树”，会雀跃，会兴奋。此后再见树，会想到阳光、空气、水土保持，会想到砍伐、栖息地、纸张……

一次裁缝

毕业后，我一直在从事与自然教育有关的工作。对于年轻的我而言，更多的是在感受自然的美好、体会多样的新鲜。我喜欢的是“外面”的自然，但是似乎和我的日常距离比较远，与我日常生活中的习惯和物品是断裂的，一直是两件事。

接下来，结婚生子。怀孕这个冗长的时段，让忙碌的我终于暂别工作。闲来无事，大把的时间和精力灌注到我的小日子里，这才发现很多从前未曾留意过的生活的犄角旮旯藏着什么，这才开始思考生活中零七碎八的物件和自己有什么联系，这才开始考虑很多习以为常的习惯对于自己和孩子的成长而言是否健康。

再生纸

有段时间，我和我妈妈经常静静地坐在一起，从我们的纯棉旧衣物中挑拣出一些适合孩子的，然后商量着剪裁成娃娃款，慢慢为我的小宝贝缝制成小肚兜、小衣裤……一切都进行得那么自然而然、那么默契，因为这是我妈妈过日子的方式，也是我自小耳濡目染的生活习惯。

上小学时，用罐头瓶当水杯，怕烫到小手，妈妈就会为我缝一个杯套。避免衣服脏得快、洗得勤、磨得狠，妈妈还会为我缝一副套袖戴上。虽说那个时代的物质生活不发达，也没有那么嘈杂的花花世界诱惑着人们做出各种选择，但或许生活本来就是这个样子——你和你的家人有着同样的生活习惯、同样的生活节奏、同样的生活细节，这些渐渐成了你和你生活的一部分。

从未感觉自己和妈妈如此亲近，亲近到仿佛就是一个人。这一刻，我的心里被一团热火触动了——自小到大，妈妈一直对我做的就是“自然教育”啊！

她不用言语就让我养成了节约资源的习惯——这些旧物仍旧是生活确实需要的，把能用的东西都用起来，没必要再去产生新的消费，再去买买买。

她不用明说就让我体会到“物尽其用”的美好——这样旧物本身传递着情感的温度，它可能是妈妈的一件旧衣服改的，它可能是家里哪位长辈用心做的，不是流水线上千篇一律的产品，也不是商店里整齐划一的陈列，它是情感的延续和传递。

生活即教育。自然教育未必只在山野的烂漫中、在海洋的奥妙里、在宇宙的浩瀚中……

我们夫妇俩开始了自己的带娃模式：去新疆、奔西藏、看山看海、养鱼种菜……让孩子们在自然中爱上万物的美好，在生活中认识万物的价值。教给儿女，爱花草未必非要攀折回家，捡拾一些断枝落叶也一样能做成美丽的小标本；扎帐篷时，不要砍小树；露营结束，把自己的垃圾清走；捡来一截旧木板，和爸爸一起钉钉凿凿做点什么；孩子学英语、绘本这些淘汰快的书，尽量从图书馆借阅或者购买二手书；画画写字的纸，都要尽量双面用……

一个筛子

万物就藏在我们的日子中，生活里那么多旧物都可以成为我们自然教育的教材和物料。你需要它，你也在创造它，你还会去用它。经历了这一番从新到旧、再从旧到新，中间体悟到的点滴情感，让我们可能再面对这些旧物时的态度就会不一样。

偶然参与了一次很专业的古法造纸体验，见识了很多神奇的工具。最后造出来的纸薄薄的，却特别结实，照旧可以写字。当时我就觉得这个手艺太有意思了！

老师抄纸浆用的抄网是特意订制的，网眼很细小。当时，我也没有这样专业的抄网工具，就从厨房找来一个网眼细密的筛子，把纸浆倒到筛子上，慢慢等它晾干。从筛子里扣出来一看，竟然依着筛子的造型晾出了一个圆碗。

因为第一次造纸，我没掌握制作纸浆的技术要领，放多了，搞得圆碗特别厚实，硬邦邦的，索性用它装些个厨房小零碎，摆在那儿也挺讨喜的。但好景不长，纸碗沾了些水，垮了。

于是，我就又用筛子抄一个纸碗。虽说工具不正规，但反复做了几回，也积累了一点点造纸经验。

一开始上手的时候，纸浆很难抄得均匀。由此，我方才了解，一张平整纸张其实得来不易，要经过很多工序。做的时候，需要静下心来，心手合一慢慢练习，熟悉了纸浆的“脾气”，控制好了自己的手劲，方能把它抄平。抄纸浆的时候，还有那么点儿修心的感觉。

最开始也失败过好多次，但这不算事儿，失败了，就把它揉了重新再来呗。

一摞废纸

有一次，要带小朋友们做一场户外的手作活动，我就想着不再购买新物料了，从生活的旧物中找找。那段时间，孩子特别爱画画，虽说都是双面用，也攒了一大摞废纸。这让我眼前一亮。

之前接触的造纸体验活动，很多用的是正经纸浆，构树皮、桑树皮、麻……既然我们家有这么多废纸，如果能省去找那些专业材

工具

料的精力和花销，直接用废纸打成纸浆，正好圆了我想把废物利用融入自然教育的想法。

说干就干。好友家报纸多，我家是孩子废弃的画画纸多，就商量着分头在家操练起来，手边有什么废纸就用什么试手。记得当时画画纸上有好多颜色，材质也是丙烯颜料、水粉画颜料、蜡笔各种杂七杂八，即使用水浸泡好久，有些色块也没办法完全溶解。既然是用废纸尝试，那就放宽心，我们继续打浆抄纸，待纸张晾干，效果竟然出乎意料的好，很多极小的五颜六色小碎片缤纷散落在纸面上，这种惊喜令我乐得合不拢嘴，首次废纸试验的成功更令我喜不自胜。

但我定了个“不为了做而做”的底线，我造纸是为了“消纳”废纸，而不是为了“做”手工。有老人家攒了餐馆、超市的小广告要给我用，我主张这类纸能不拿就不拿吧，如果不是必需，砍了树、造了纸、印成广告，摞在家里，对树、对纸都造成很大浪费。

我从未特意去号召身边的亲朋好友帮我积攒废纸，就近交给资源回收站仍旧是个人处理废纸的最佳渠道。如果有人在造纸活动中喜欢上了这门手艺，我会倾囊相授，我不鼓励大家专门把废纸攒起来送给我。

临时有活动，我就尽量从自己家里找废纸，若不够，我们社区的碎纸机里也有办公废纸。我在社区做环保志愿者，用那里的废纸做了几次造纸活动，社区很支持。另外，我还用过带字迹的纸、包装纸……

胆子大了，心也更加打开了，如果对效果没有硬性期待，那废纸也有万般模样，也会给我万般惊喜。

有一次，临时的校园造纸活动，让我赶紧搜罗身边废纸，这才发现最多的是写了墨笔字的宣纸，因为那一阵子我们两口子刚好在学习书法，正处于天天认真练习的痴迷阶段。虽说之前没有试过这种废纸，但有啥用啥是我的原则，我不假思索地把家里用过的宣纸悉数敛在一起，碎纸、泡水、打浆。一鼓作气弄好的纸浆，脱不去的墨色，看起来黑乎乎的，好像一团乌压压的云沉在桶里，搞得我的心情也跟着有点儿“低气压”。

惊喜！还是惊喜！小朋友们也不太得意的这些“乌云”，入了模具，晒了太阳，最后出现了特别神奇的“奶奶灰”，很高级，有的纸还压了粉色的波斯菊，更显得清丽脱俗。

一枝花草

我一直对植物很感兴趣，带孩子去菜园务农时，会弄一点儿荠菜、苦菜的小花，压成标本，做成小玩意送给朋友。后来开始造纸，就想着把好看的花草放到纸里面试试，没准儿会让废纸变得更赏心悦目。

好多干花标本，造型既定，很容易摆弄，薄薄的花草压在纸浆里，乍一看很美，但特别容易褪色。尝试了几次用鲜花做花草纸，发现它不易褪色，和干花的效果差别挺大。但在尝试中我发现，鲜花的花瓣比较厚实，不容易保证纸张的平整。

一来二去，有了经验，再做花草纸，我都会火速从一片野地里拣选出那些花瓣平展，造型、颜色呈现效果好的花草。

但我始终不希望为了一样废物再利用而破坏其他美好的东西。活动中，带孩子们捡拾的都是一些细碎且量大的小草叶或者刚掉落的小花瓣。孩子们会从大人的言传身教中明白这些小花小草的生命

材料

也值得珍爱，“苔花如米小，也学牡丹开”。

面对随处可见的小野草、丑乎乎的废纸浆，很多人开始的眼光是冷冷的，像是在旁观，对这些东西好像也没什么期待。然后，按部就班地跟着一步一步去做。当他们小心翼翼抄好了一层薄薄的纸浆，小心翼翼摆上了小草叶和小花瓣，然后又小心翼翼附了一层浅浅的纸浆在最上面。到此时，很多人瞬间就不一样了，他们会格外珍视地捧着这小框框，斟酌一处阳光特别令人满意的位置去晒纸，还要摆个令人放心的角度。这一切都要亲力亲为，不愿意假手他人。然后，时不时来看看，就怕被别人误领了。其实，在外人看来，这些纸都长得差不多。但在创作者眼中，这是世上独一无二的存在。

每次眼看着一个人因为一张废纸经历这样的变化，从最开始的无感到后来亲手创造了一样新东西的喜悦，都特别让人感动。我觉得大家的喜悦，不是因为得到了一个新的物品，而是收获了一段新的经历、新的感情，这令生命变得丰满。

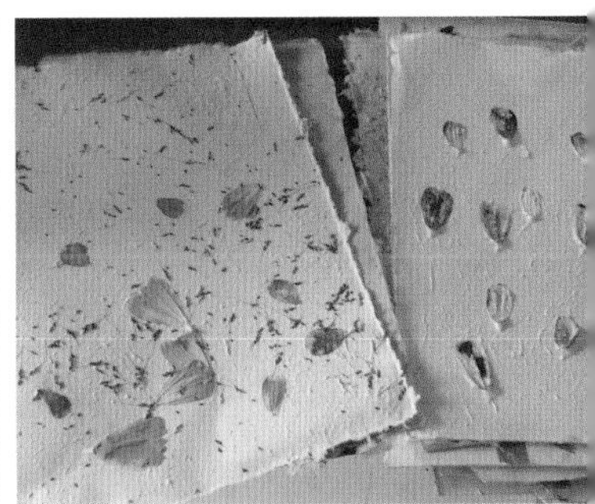

制作再生纸

一个相信

“废纸洗去朱墨、污秽，浸烂入槽再造，全省从前煮浸之力，依然成纸，耗亦不多。”这是明代宋应星在《天工开物·造竹纸》中的记载。“还魂纸”古已有之，只是总有各种各样的诱惑刺激我们越来越多的消费，而很多可以降低消费的“天工”就被埋在角落。

“虽为人作，宛自天开”，这是我在大学里学到的一句话，说的是“中国园林”，它体现的是精妙的中国文化，人与物的文化，虽是人为，但要符合自然规律，顺应自然与环境。老师教我们如何去认识自然、了解自然，而不是单纯地挖掘如何利用自然的招数。我们生活在万物当中，既不能穷兵黩武地豪夺，也不能对自然完全不产生任何影响，尊重它、顺应它，同时也利用它，这种适当的“度”，不易把握。

我从在自然中贪玩的人，成长为希望在自然中有所为的人，旧物改变了我与自然相处的态度。原来的工作，很多时候只感觉是一个远在天边的话题，它并不来自我的生活，与我无关。可眼下，我能把环保和旧物变成我生活的一部分，成为我收入的来源之一，兴趣和工作能合而为一，这令我感觉特别轻松、特别踏实、特别高兴。

你和别人分享的，也正是你在做的。

好多小朋友，听到“废纸再利用”或者“节约的意义”这类话，并不会特别在意。反倒是一样看起来没什么用的东西，有他自己的很多创造在里面，最后变成了一样有用的东西，这个过程会带给他特别大的影响。不同时代，不同生活条件，有人觉得一个小纸片也不能随便丢弃，有人觉得花钱买新纸、新本享受是天经地义的，大家对于旧物的理解自然千差万别，但我觉得，对美和创造的喜悦却是共通的。

所以，我现在的旧物改造其实是用双手去创造自己理想生活的过程，创造出一个新的东西、一个新的功能、一些新的美感和生活乐趣。这是我个人在做的事情，我希望今后能更多地跟大家分享自己的这份相信，找到一群想做这样的事情的人，把自己的经验变成可以传递的“相信”，能对更多人的生活有启发。然后再把这些循环的理念，生生不息地传递下去。

大家可能也会碰到这么一样旧物，因为有这个“相信”，而乐于去做新的尝试，用新的方法和视角去开展有意思的教学，抓住这个小机缘开启一段有意思的新旅程。

小小“造纸师”

即使是一片废纸，它也源自一棵树，有着和树一样的力量。

我的旧物告别主张：享受旧物创造的爱的循环

自然，也是有演替的，会有生老病死，这很正常。关键是如何在我们衡量得与舍的同时，不影响生态系统的完整性、稳定性，保持在它可承载的范围内。让这个圈能够往复循环，不至于掉链子。

旧物不是一样东西的终极和断点，它也可以画出自己的圈，一个爱的循环。

将旧物改造成“新物”，送给朋友，可能偶尔会有一点舍不得，因为每一个都是独一无二的，但我知道这个人也会很喜欢它，也会很珍惜它，会因为这份美好而对旧物的态度有所改变。于是，我就会带着愉快的心情和它告别。

比如，邻居家中有了过期的食用油，送给我做成肥皂，我把这块皂再送给对它感兴趣的人，希望大家知道这样“废物”真能变成实用的宝贝。这一块皂，或许就是一个人行动的开始。

一样旧物创造的循环就这样开始转起来了……甲把废油给了乙，乙做成了一些皂，再送给无数个丙和丁。多么有意思的循环流通！这就是在造新！有一样旧物到你这，然后再有新的东西、新的情谊流转出去。

【番外篇】

印象最深的旧物是什么？

棉鞋。

我对于小时候印象深的东西似乎都在脚上，夏天有一双塑料凉鞋，洋气！冬天有一双毛窝，暖和！那就是完美的人生。

那时，儿童凉鞋的式样也不多，连上面的装饰也基本都是同款。金黄色，有的是水滴形，有的是圆形，上面镶嵌个塑料珠子或者红色假宝石。身边小朋友的凉鞋上有闪亮的金属装饰，我还是忍不住多看几眼，等凉鞋被穿坏了我就把金属装饰要过来放进我的小宝箱里。

印象中，小时候的冬天特别冷。刚上小学时，我妈给我做了两双棉鞋，北京话叫“毛窝”。一双是红色的，一双是黑色的，上面都有小点点。我妈亲手做的棉鞋，里面续了特别厚的棉花，鞋看起来胖乎乎的，就像个暖暖的窝。我记得那时妈妈为我做的好多冬衣都很臃肿，不是很精神。

鞋底也是妈妈亲手做的，先要打疙布。用糨子将旧布头一层一层地拼合粘好，然后纳鞋底用。但毕竟是布底，穿久了鞋底会磨得很厉害，跳皮筋时老打滑。

这两双棉鞋，一直穿了三四年，穿烂了，鞋帮都破了，露出里面一层层布衬。

与旧物告别，我会说：

陪我走了这么久，去陪陪别的朋友吧。

我今后最希望增长的“环保新技能”：

学会更多有营养价值又有颜值又不浪费的烹饪方法。

电子废柴，闪亮返场

点亮你的 kindle，『kindle』Ta 的未来

旧物

新 主 张

我叫刘华，朋友们都叫我 Eric，工作、居住都在北京，而家乡是离北京 1000 多公里之外的古都——西安。

刘华

我爸的工作就和电子产品技术相关，小时候总见他在家“瞎鼓捣”，修各种零七碎八的电子产品，还有在那个年代绝对算是大件儿的电视机！从小耳濡目染，我也对电子这类物件产生了特别强烈的喜爱。

一个热爱“电子”的人，赶上了信息化时代。长大后，自然而然地进入了电子行业。2015 年之前，我都是在电子行业的商业公司工作，包括手机行业，当时觉得这些东西真好玩儿，每天接触到的技术和产品都是如此有趣又新鲜。

维修手机

一台净化器

两代人都在鼓捣电子产品，是挺难得的一种传承，但也更加清晰地对比出两个时代电子产品更新换代的变化。不敢说是几何级数的变化，但是加速的趋势真是非常明显。

我爸那个年代，别说电视机这种大件儿，手电筒都算是一件像样的家用电器。在不是特别富余的日子里，很多东西都显得挺金贵的，大家回收再利用和维修的意识都比较强。与其说“不浪费”，不如说“不敢浪费”更贴切。物资少，电子产品更是稀罕物，浪费不起。

现在很多电子产品的设计，让回收和维修的可能性越来越低。一旦坏了，想修，但需要花费的精力和财力成本却越来越高，转头一看，稍微加一点钱就能直接再买一个新的了。把这些旧物件修一修，延续它使用寿命的观念变得越来越淡薄。我总是能听到大家说：修这个东西？还不如买一个新的！

交到我手上的废弃电子产品也越来越多，我爸那时的情况是亲友拜托他修理还等着领回去接着用，而我现在这些存货都是被舍弃的。电子产品更新换代太快了，一样东西很容易在某个“当时”被淘汰，但我喜欢拿来再改一改。经我手之后它能继续发挥余热，这个过程特别有意思。

2013 年，大家开始研究各种大牌的空气净化器，而此时的我却开始盯着家里一台旧电扇猛琢磨。找来瓦楞纸板裁一裁、拼一拼，用胶条密封成一个方罩子，把电扇装进去，再附上一片花 30 多元买来的过滤膜，一台由旧物改造而成的空气净化器横空出世，总成本不到 50 元。

随后，我把这“草根”版空气净化器的简单制作方法详详细细地告诉朋友们，制作材料丰俭由人，节省点的 100 元就能拿下，最大花销也不过 300 多元。

我相信，每个家里日积月累都会有闲置的东西。扔了，确实可惜，毕竟也没坏；不扔，短期之内又用不上。所以，这样能巧用家里闲置又能发挥一下动手能力的好玩事情，我总是想把它扩散一下，让更多人体验到其中的“有意思”。

当然，所有这些旧物利用，是以实用为前提的。空气净化器是切实需要的，那就利用闲置物品做一个。玻璃灯罩碎了，但灯座和电线还是好好的，我就找个铁皮茶叶罐，罐底打个洞，用它代替灯罩，再换上一个瓦数低的小灯泡，瞬间变身一个可爱的小夜灯。装在床头，暖暖的。

茶叶罐子改造的灯

一台电脑

2015年，我开始关注电子垃圾与环境的议题，毅然决然离开了电子行业。在朋友发起的一个助学活动中成了志愿者，与一个甘肃的孩子建立起“一对一沟通”，我定期跟他聊聊他的学习、他的生活。这段时间，我与他的关系从无到有，我与他的感情从浅到深，而这次“生长”与电子产品无关，与所有“东西”都无关，我与他慢慢构建起的信任和支持来自“物”以外，源自内心深处。

维修清理前后的电脑键盘对比

抛开我们生活的北、上、广、深这些大城市，在很多偏远的地方，莫说丰富的电子产品、软件、游戏，孩子们连基础的学习条件都挺匮乏的。助学，开始在我脑袋里兜兜转转，挥之不去。

业余时间，我去了朋友办的环保市集凑热闹，义务帮大家维修电子产品。有人拿来一部坏了的 iPad，屏幕完全花了，弃给我随意摆弄，希望在我手里这部 iPad 还能有些用。把它带回家，我真的不花一分钱就修好了。怎么做的？方法简单又粗暴，我捶了它十几拳，iPad 竟然“复活”了。直到现在，还在我家里用着。

我忽然想，电子产品的价值是不是能跟助学联系起来？

我首先想到的是电脑。偏远山区孩子接触到电脑的可能性很低，我可以募集到一些旧的电脑，修好之后送到学校，让孩子们通过这扇窗看到外面的世界。这是一个让他们接触外界信息、接触现代化生活、改变获取知识渠道的好工具。

但经过一段时间的考量，这个想法被我自己否定掉了。我想，电脑不是一个很好的选择。

最大的问题是它的使用目的不可控，电脑装什么软件都行，拿它干什么都行。很多学校不具备联网条件，它的使用价值就会降低，而接上了网络，又连通了“大千世界”，老师也没有办法执行无死角的日常管理，这样极有可能偏离用电脑来进行助学的初衷。另外，孩子们的健康也是我考虑的一项重要内容，电脑屏幕对眼睛的损害是躲不开的痛点。再者校方本就物质条件不佳，我极不愿意因为助学反而带去困扰，比如电脑至少需要有一张桌子来摆、电脑耗电量大……

一部电子阅读器

用电子旧物助学的这件事情，没有我想得那么简单。我推翻了很多想法，不断向自己提问，然后再回答这些问题，如果答不上来，那这条想法就被暂时搁置了。

可这个念头我始终没有放下，想东想西，想了很多。

有一天，有个坏了的 kindle 送到了我面前。我检查一下，发现只是电池的问题，对我而言这是特别简单的一个小毛病，三下两下就修好了。但这部差点成了电子垃圾的 kindle 却点亮了我脑海里的助学计划。

它的电子纸屏幕对孩子们的眼睛更加友好，还省电，而维护成本和管理成本也不高。之前让我头疼的问题，都迎刃而解了。

最关键的是，它唯一的功能就是用来看书。这个“单调”的用途成了亮点，可以稳妥地保证它在孩子们手中的用途可控。我们筛选好正版书籍，直接导入进电子阅读器，孩子们在一年内可以免费看书，可以看很久。

就选它了！电子阅读器！

kindle（回收）

kindle（维修）

如何募集这样旧物？我之前毫无经验，就跑到慈善商店去看看“前辈”是如何做的。不巧，那天刚好不营业，吃了个闭门羹。我就向身边的朋友们取经，有了一些想法之后，又开始反复和自己玩“提问、回答”的研讨会。

我一边计划着募集电子阅读器，一边开始着手找落地学校。出于各种各样的原因，我一次次被拒绝。当然，也有被我拒绝的，比如费力、费钱的交接仪式是我特别不喜欢的，我不想花钱弄排场，没有必要。

一纸留言

2019 年初夏，我终于在网上发出了募集电子阅读器的消息，清楚地列出了两个渠道，一个是捐，一个是借。这也是闲置物品的两个处理方式，“捐”就是物品被废弃了，不打算要了，一定要扔掉了；“借”则是指物品目前处于闲置状态，还没打算弃之于废品堆。

“我建议你借！”这是我对每一位有意参与者的明确表态。

借的意思就是，你的电子阅读器目前是闲置品，但你觉得它未来于你仍会有用，那就用它在“当下”这个阶段的空闲来助学，暂时先借给我1年，但是它始终归属于你。有一台于2019年6月借给我的电子阅读器，出借者希望到2020年5月31日一年租借期满之时取回，于是我就按照当时的承诺完璧归赵。

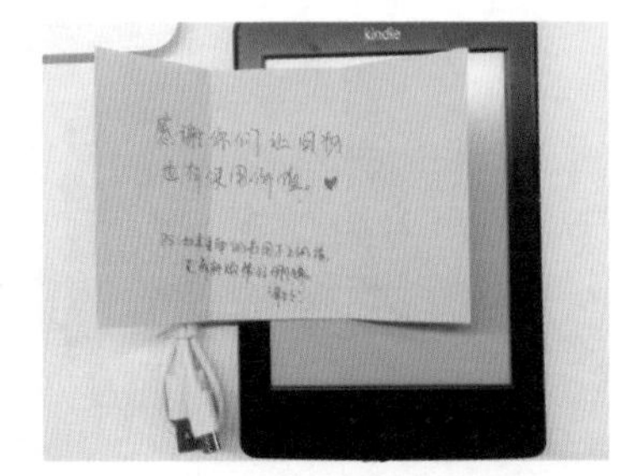
kindle（留言条）

这种“藕断丝连”式的出借方式，让所有参与者都很珍惜自己与这样东西相处的每一天，感受着这样东西带来的冷暖变迁。

一些朋友热心帮我转推募集信息。很快，我收到了第一份快递，打开箱子，看到一台电子阅读器真的就躺在里面，这一刻的感动无以言表。一个做了两年的梦，在这一瞬间成了真。好像机器待机了良久，终于找到了匹配的电源一般。

随后将近两个月，陆陆续续收到全国各地寄来的闲置或损坏的电子阅读器20多台，绝大多数都来自陌生人。几乎都是捐，借的不太多。随着这些电子阅读器寄来的，还有些小纸条，说特别感谢这个小活动可以让他的旧物的生命有了延续，让它有了更高的使用价值。

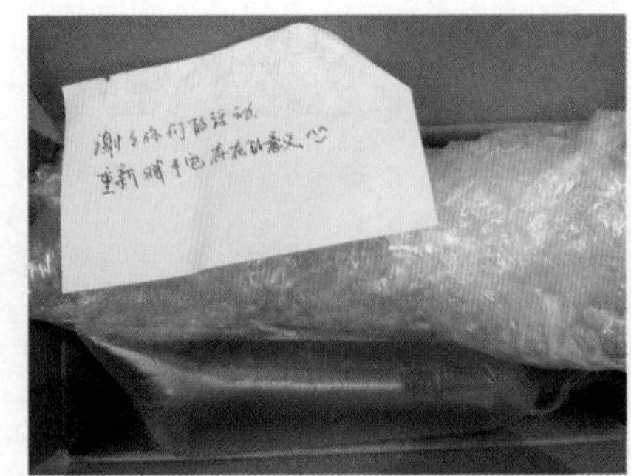
留言条

一次远行

距离我 2000 多公里外的广西百色有一所小学，三（4）班的孩子，成了这 10 多台闲置电子阅读器的新主人。

2019 年夏天，我带着电子阅读器来到这个边陲小镇。如果不是因为这些闲置品，我可能一辈子也不会有机会来到这里。一路上刮风下雨，但心里着实有些风雨无阻的气概在翻腾。从有一个想法到这一趟切实的远行，两年时间，说长不长，说短也不短。终于来到这个地方，让我脑海中这个有点意思、有些温度的小活动落地发芽，让这些闲置电子阅读器物尽其用而不至于被束之高阁甚至丢进垃圾场。

走进校园时，孩子们刚好在小操场集合，管行政后勤的老师站在最前面叮嘱着孩子们要注意纪律、保持宿舍卫生。我不敢声张，看到一队举着“三（4）班”牌子的孩子，我就悄悄地站到了队列后面，拍了几张照片，都是些孩子们的局部特写，没有正脸。倒不是因为我站在他们背后或者怕打扰校会，无论年长还是年幼、无论送礼还是获赠，所有人都有被尊重的权利。因为我带来了电子阅读器

孩子们的小细节

班牌

给他们，就能对着孩子们的脸“咔咔”猛拍照吗？

我特别害怕这种感觉！资助也好，捐助也罢，都不能让人在面对孩子们时有高高在上的优越感，似乎全身每个细胞都在宣告“我有能力去救助你”。想想这个状态，就令我生厌。反观，这些孩子收留的是很多人的闲置品，这些孩子也给了我们圆梦的机会。

为了激发孩子们阅读电子书的兴趣，我还带去了一些他们平日里用得到的文具作为小礼物，为孩子们爱上阅读尽了自己的微薄之力。

阅读这件事，不是立竿见影出效果的，它需要有一个习惯的培养和持续努力的过程。我琢磨着，要培养起孩子们的这种兴趣爱好，肯定是需要时间的，可也不好在课业之外给老师添太多工作量。我就试着向老师建议：这次阅读活动至少要持续一年。

没想到，老师给的答复比我想象得更积极，他希望尝试到 2021 年的寒假之前。比我建议的时段延长了半年！老师直言，我为孩子们带来了这样好的机会，而他作为老师，为孩子们多付出些也是高兴的。我们一拍即合，签下了一个“至少读一年”的约定。

交接

一点改变

这些学生大多数是留守儿童。小镇里，大多数青壮年都外出打工了，孩子留给家里的老人来带。这些孩子家里的学习氛围往往不是特别浓，学习抓得不紧，学习成绩也不好。老师拿出他们阶段测验的考试成绩给我看，百分制的卷子，很多孩子的成绩仅有个位数。翻到一张 31 分的卷子，这已经算是班里的高分考卷了。

当时，我只明白了孩子们的学习情况真的比较差，超乎我的想象，但其中缘由是他们没有特别多的机会去读书？还是没有书可读？我当下的心里也没有答案。我想着，19 个月，慢慢看看吧。一件事，尽力而为之后，期待未知的结果，我觉得也是有意思的。

随后的日子，我定期和老师沟通，关注着这些电子阅读器是怎样被用的，孩子们在阅读什么。

给孩子们带的小礼品——铅笔

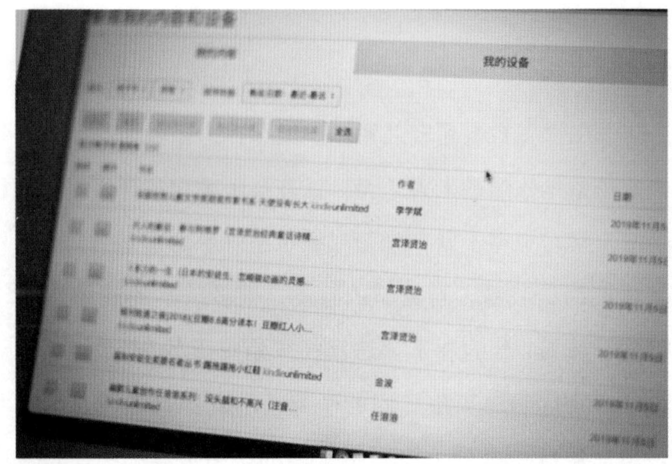

下载好的电子阅读器

2020 年 6 月，一个学年结束。老师传来消息：参加活动的三个孩子，之前属于那种特别不爱看书的，自去年开始参加电子书阅读，他们慢慢喜欢上了看书，学习成绩也慢慢提高了，现在都算是班上成绩比较好的学生了。

听到老师这番话，我真的是挺感动的，心里倏地一下就释然了。这些或闲置或破损的电子阅读器终究是没有被辜负，被捧在一双双暖暖的小手上，被认真的眼神面对面打量着，电子阅读器是幸福的，孩子们是幸福的，我也是幸福的，我们一起印证了这次“相遇”和“相处”的价值。

这种感觉，特别神奇……

点亮你的 kindle，“kindle”他的未来。kindle 本身有“点亮”的意思，当我用自己的技术点亮了一台废弃电子阅读器，我希望它点亮的是一个孩子、一位老师、一个家庭未来的更多可能。

一份约定

不管怎样，这些都是已经过去的故事了。

在这个故事里，我还有一点“矫情”，是未来要做的。这些电子阅读器，我并没有把它们以“捐”的方式给学校，为什么？一旦有一天，孩子们没有时间再去阅读了，或者老师有更重要的事情要去忙，无暇顾及这个课外阅读活动了，或者学校的各种条件没有办法实现阅读效果了……我会把这些电子阅读器转移到一个更需要它们的学校，流转到更能发挥它们价值的地方。

所以，我希望这些电子阅读器可以一直为阅读服务，而不是“一次性”地永久被钉在了一个地方。如果是这样，真的就会在我的手里再一次让它们失去使用价值。

不是我吝啬，不是我执意要把这些东西留自己手里。我希望，所有经我手再能发挥余热的电子产品都可以发挥它最大的价值，还有可能转移到新的地方，服务新的主人。最终，当它的生命周期结束时，再寄回给我，我让它们可以进入电子垃圾拆解厂，进行资源再新生。而不是我修好了一些电子垃圾，放到了某处被再利用，最终它报废了，而那个地方又不具备回收条件，它们再次变成电子垃圾留在了那片土地——我曾经希望变得更加美好的一片土地。我不愿意看到，极其不愿意看到。如果是这样，毋宁没有开始过。

这是一个完整的循环，我和学校的约定里没有“损坏赔偿”。坏了，将“尸体”还回我就好。所以，这些电子阅读器只让学校拥有这个阶段的使用权，只要学校乐意，只要我能继续支持，希望这些电子阅读器持续被使用起来，希望这个活动能持续地滚动下去。

公益若是一个人或少数人去做，那即便累死也做不完。我能力有限，只能帮助这一个班级里的几个孩子。我的故事算是抛砖引玉，若有人觉得这块砖有意思、有启发，可以去复制，或者把我的经历当成参考，我愿意把背后的很多想法、建议给需要的人，让这些闲置或废弃的电子阅读器能被更多地用起来。这是我更乐于看到的“成功”。

一样东西不属于任何私人，那这样东西就可以更好地流转。

我的旧物告别主张：点亮你的 kindle，“kindle”他的未来

在我眼中，旧物分两类：一类是真正再也发挥不了价值的，那就尽快淘汰它，尽快让它进入资源回收渠道，尽快进行资源再利用，这样的舍弃是合理的；另一类是我在练摊儿或和朋友聊天中发现，很多旧物件其实并非真正没有价值，只是它那一点可能性和机会被急于求好的我们轻视、忽视、漠视了。

旧的被弃掉，决定再买一个新的，大约最直接的逻辑就是：自己负担得起，自己能买得起，所以这件扔了再买的事情就可以做。但是，对于整个社会而言，对于个人社会责任而言，就另当别论了。买得再多，也只能显示出：这个人可能比较有钱。然而资源都是大家的，资源也是有限的，或许看不到这些边界，但心里要有。个人的一台电子阅读器，关联的不只是一个人、一个钱包、一个垃圾，合理的处理方式既是对已被消耗其中的资源的尊重，也是对自己这一份消费的尊重，更是对“未来”的尊重。

虽然时代在变，可这变化中不该包括一种肤浅的习惯：轻易用新的替代旧的。无论是哪一样旧物，哪怕是更新换代飞速的电子产品，也不应该随意被淘汰。对我来讲，让闲置的电子产品在自己手中发挥价值是最有意思的。这个剩余价值不仅是使用价值，其实还包括“它们需要得到我们更多的关注”。

【番外篇】

印象最深的旧物是什么?

电子产品。

小时候，没什么玩具，我有一辆小三轮车，就是一个铁架子加仨小轮子的那种，还骄傲地骑着它留了影。虽然“小三轮”可以带我驰骋、带我“飞”，但我最喜欢的还是坐在家里摆弄电子零件。最简单的小小的半导体零件，按照图纸拼一拼、焊一焊，把它变成一个半导体。然后，它真的出声了！但一个小孩儿学着大人样儿，找点儿废弃零件，自己琢磨鼓捣出来的东西，可想而知，手艺比较粗糙，效果也不怎么好。信号始终不稳定，我就一趟一趟地跑到外面去调整天线，然后再火速跑回来听听效果有没有变得好一些。有时候，好不容易有了整句话音儿，一阵风把天线吹歪了，我就又要忙叨叨地跑到外面去调一调。

两台闲置显示器组成“双屏显示”

与旧物告别，我会说：

期待每一个产品都有一段“有价值”“有温度”的旅程。

我今后最希望增长的“环保新技能”：

有个小小的工作室，可以和志同道合的朋友们有个地方维修、升级、改造、创造一些好玩的东西。

废旧首饰，重修旧好

情比金坚，爱如海深

旧物

新主张

我叫孙小匠，也有些熟人叫我“秃子”，因为有段时间我剃了光头。我是北京人，在美国上大学，在泰国读的钻石 GIA 鉴定。

孙小匠

上高中的时候，我就有了想为大家做结婚戒指的念头，这对我而言，是一件能给别人带来幸福感的事情。没想到大学毕业后的第一份工作竟然就是做婚戒。我投简历的时候，都没婚戒这档子事，最后应聘成功并开始工作，才发现我是在给别人做结婚戒指。

直到现在，虽然自己连个男朋友都没有，但设计婚戒是让我最心动的事情。然而，当知道了想要获得一克拉钻石，需要挖出 250 吨的土以及其背后难以计量的产地人文破坏时，我的心里有一些东西发生变化了……

一位老师

我大学的专业是金工，学的是材料艺术、珠宝设计。因为这个专业有门槛，所以招生数特别少，同班同学也就十个人。上课时，大家离教授都很近，她在工作时的很多环保小习惯，简直是一览无余。这些也渐渐成了我眼中很有意思的学习内容。

练习打磨时，换了不一样的料，就要一并换下面承接的碗，因为即使是这些磨掉的细碎渣渣，也仍旧还有用。冲洗物料时，什么东西可以进下水道，什么东西不可以进下水道，教授也是有分类规定的。

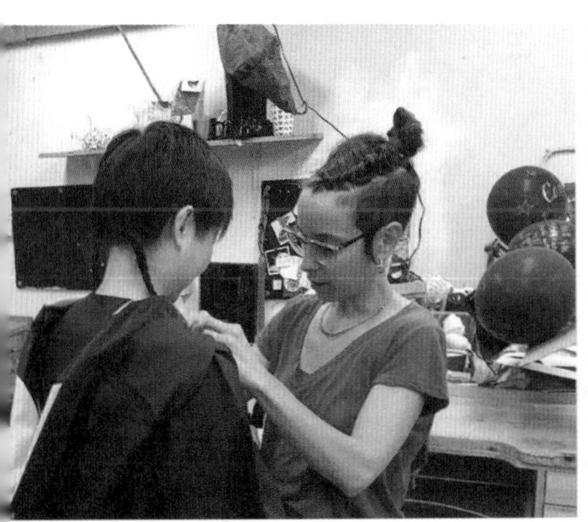

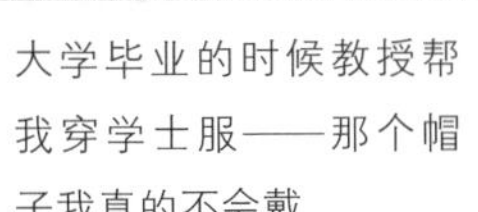

大学毕业的时候教授帮我穿学士服——那个帽子我真的不会戴

2018 年教授受邀到中国地质大学交流

教室里的所有废料都会被分类回收，常用来打样品的黄铜板、紫铜板，会有各自对应的回收箱。其实，从专业角度看，黄铜板和紫铜板的重量都比较轻，边角料更是没什么分量，熔化再利用也出不了多少东西，省不了几个钱。但既然这是教授要求的工作流程，大家自然会照章执行，分类丢进回收箱。日积月累，真的攒了挺多。刚进班的一年级新生练手，就直接到这些回收箱里翻找大小合适的边角料，不会再消耗新材料，直到这些边角料再也找不到足够完整的一块儿来用了。我们会在暑假回家前一天，一起打扫教室，其中有一个小组就是整理这些回收箱，把大块儿的留下来，小零碎全都送到铸造厂。因为它们纯度比较统一，所以铸造厂也很愿意回收再利用。

教授在课堂里带动的这个内循环，在我眼中慢慢画好了一个完整的圈，潜移默化地传授了她自己的解决方式。从她手下出来的每一名学生，都会看到这些，我实习时的老板也是她的学生，也在工作中保留了教授教学时所展示的这些习惯。

不论我今后做出怎样的职业选择，我已经踏上了“做一名有道德观的金工匠人”这条路。

一次翻新

关注这方面信息之后，我知道了有“环保”理念的珠宝人并不在少数。有一个比较大的关于环保珠宝的学术组织——“道德伦理金工协会”，是由一位美国人和一位澳大利亚人一起创立的。这位美国创立者就是我的教授。

他们会把一些关于矿坑、矿产污染及珠宝行业的环保资讯和学术研究放到自己的网站上，也将全世界的珠宝人和相关院校联系在一起，大家定期交流。如果说我的客户需要一枚钻石，而且希望是有公平贸易认可的一枚钻石，我也可以在这个网站上寻找货源。

他们每年都在做的一件事，就是“Revival Jewelry Project”展览。他们会与世界各地的院校或社区合作，收集当地人不再需要的快消首饰，再交给当地的金属艺术家，以这些废弃首饰为原材料去做一些新的东西，最后展示出来。通过这个展览影响当地消费者的观念。

有一年的快消首饰改造活动中，有人把婚戒拿来了，说是不要了。我们就把它单独拿出来，交给了一位懂得如何和贵金属打交道的艺术家，进行一对一的处理。最后，用这枚婚戒当原材料做的新饰品，也找到了爱它的新主人。还有一次，我们十几个人正在整理捐赠物，突然发现了一枚老式订婚戒指——18K 金指环上镶嵌一枚挺大个儿的钻石，我们一帮人瞬间全傻眼了……赶紧联系捐赠者。

甚至有人会将祖辈的一些遗物整理出来，捐赠给我们的回收活动。我印象最深的是在捐赠物中发现了一个款式很老的欧洲纯银表，一来这是我们没法改造的，二来它本身就很有收藏价值。因此，我们需要尽快和捐赠者取得联系，再确认这个东西是不是他仍旧需要的。这样的捐赠物，我们没有做任何改变，只在它本身基础上做了翻新，然后作为收藏品售卖，售卖所得资金直接作为公益捐款。

一场展览

回国之后，我也学着样办了一次快消首饰的复生展，那是在2019年。

首先，我在网上发出“征集令”，很快募集到了二三十个人捐赠的闲置快消首饰。至于能够改造它们的艺术家，我大学虽然学的这个专业，但不是在国内读的，加之刚回国两年，因此在艺术、珠宝圈子认识的人特别少，我就继续依靠网络，发出“英雄帖”，回复真是出乎我意料的快，没到截止时间，就来了挺多应征者。认真筛选了一下，我留下了十二位小伙伴，每人领回家几件或十几件捐赠饰品去再创作。当时也都说好了，大家做完以后，剩下的物料若实在没用处，可以送回来，我来统一妥善处理，别在大家手里再

复生展——天津桑丘书店

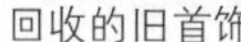
回收的旧首饰

艺术家正在挑选捐赠来的旧首饰

次堆积成闲置品。有些小伙伴是外地的，办展前把作品连同剩余物料一起寄了回来。

最后找展览场地也是出乎意料的顺利。北京，798 艺术园区有一个画廊挺合适的，那里每个月都会办新展，老板是两个与我基本同龄的男孩。巧的是，他俩都拜托我设计制作过戒指，对我的理念已经略知一二，他们觉得很有意思。当我提出办环保饰品展览这个想法的时候，他们立马就说要做，在场地方面他们给予了支持和配合，他们真的很棒!

开幕那一天有一个环节，是我带着所有观展者一起看一下展品的原材料是什么，讲述后来经历了怎样的想法和做法，最后做成了什么样的新东西。我拿起一个塑料材质的红色耳钉，抱怨了一下上面那层漆在改造过程中简直碰一下就碎一点儿，掉渣掉得非常厉害。此时，我是抱有私心的，想通过这个塑料耳钉让大家了解到快消首饰的劣质，它虽然好看，但材质差，做工更是不怎么样，很快就会变成闲置品甚至垃圾。

复生展

当这个环节结束，进入自由交流的时候，有一位从天津专门赶来看展的女士找到我，说那枚红色耳钉是她捐来的。我一听，心里一时泛起歉意，正要不好意思地解释解释，她却大方地挑明，听到我的一番话，她没有觉得心酸，也没有觉得我在说她东西的坏话，她反而很开心自己的闲置品真的被做成了一样新首饰，而且自己这么巧能看到我正好用她的耳钉在做环保宣传，此番经历真是非常有意思。

展览结束后，创作团队的小伙伴也没有太多联系了。其实，大家多数是把这次展当成一次艺术实践，一次创作。对于首饰的环保意义，很少有人再去继续宣传了。有些外省市的小伙伴，至今连面都没有见到过。

吴思颖作品

关羽洋作品

张祎作品

我不是控制狂，但我特别想做的一件事就是通过这个展览去影响一些消费者的消费意识，去影响一些艺术家的制作轨迹，让大家知道有这样的东西存在，而且大家可以在各自的生活或工作中身体力行，就像教授当年对我潜移默化的影响一样。

一个舞团

2018 年，我在北京的 798 艺术园区开了一个自己的环保珠宝工作室。一来继续宣传“有道德的金工”理念，二来让自己也有饭吃。

在我开店的三个月后，一家舞蹈教室在我旁边开业了。我想着，反正下班时正好赶上晚高峰，干脆每天到隔壁去跳一会儿舞再回家。

从此，我每天都去跳舞，训练也变得越来越多。同事限制我“舞动”到朋友圈，说那样显得我特别不务正业。

人人都要有自己的生活嘛。

而且我渐渐发现，我并没有耽误“正业”。因为，环保已经成为我不可分割的一部分。经常一起上课的人，大家聊得开心了，加了微信，就会看到我在朋友圈里聊的各种环保话题。他们慢慢对旧物和闲置品有了新的想法，再有旧的、坏的首饰，不再马上丢在一边或扔进垃圾桶，而会带来给我，拜托我去修理或维护。

大家萌生的这点意识上的变化，我认为已经非常棒了。

尤其是跳舞的这些伙伴，动作幅度大，戴首饰很容易“掉链子”。有一次训练，一个女孩跳得过猛，大力一挥，一下子就把手上的戒指甩飞了，把戒指上面镶的小石头都磕掉了。这样的情况不是一次两次了，大家被逗得哈哈笑，免不了又是一番互相调侃。女孩儿把指环和小石头找齐，一起拿过来，交到我手上，“不买新的了，你帮我把它修好吧。”

珠宝本身是一个特别有纪念意义的东西。如果作为旧物件再经过我的手焕新，就又有了新的纪念意义。交还到主人手中的时候，我、他（她）和旧物之间似乎生长出一种特殊的联系、一个奇妙的传承。这一刻的感觉，最美好。

每次交货的时候，我都不想邮寄，我会特别希望客人亲自来工作室取最终成品。很多客人也都会欣然应允。客人当场验货，他们的表情总会有一些微变化，惊喜也好，满意也罢，眉梢嘴角的一点小端倪都是我最珍贵的收获。对我来说，做这一行是很有所得的，不仅是混了口饭吃，还能从中得到只有匠人才明了的幸

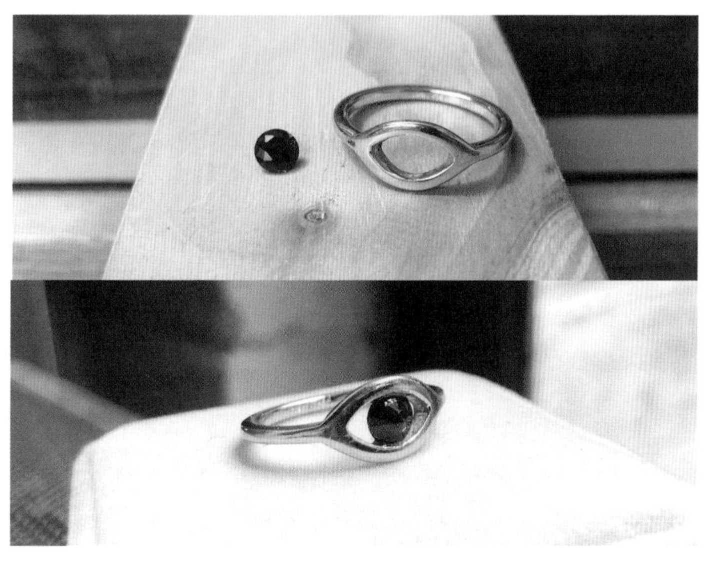

舞蹈伙伴的戒指修复前后对比

福体验。

这也是为什么我怎么想也不会转行的原因。说真的，我经常会想——

我是不是该先忙着成家呀?

要成家的话，现在的收入够不够?

是不是要转行做些更赚钱的营生?

养孩子怎么办?

是不是要歇业另谋出路?

……

但是，无论我怎么想，那些幸福的小瞬间都会自己冒出来置顶。是的，我不想失去这些小瞬间。每一次患得患失的结论，就是这些小瞬间对我而言变得更大了。

一家小店

开店之后，作品中的旧物占了三成。就连焊接料，也是我用回收的金属配成的焊药。

很多客人会拿着他们的旧首饰来翻新改造。有一位女士拿着一枚海蓝宝的旧戒指走进我的工作室，这是她来北京工作时用第一笔工资买给自己的奖励。十几年过去了，她的体型变了，手指粗细也变了，戒指的号码已经不再合适，年龄和心境也变了，款式也不再称心。但她仍旧不忍心弃之不理。主石用来重新镶嵌，戒托可以回收再用。无论这枚戒指的尺码和款式再怎么变化，它陪伴她走过的岁月、承载过的心事，都是不能“被丢弃”的。

因为真正了解了这个行业，我发现自己打心眼儿里不能赞同“无度开采”。用人造宝石、回收宝石代替新开采宝石，对我来说是一个更好的解决方式。所以，我平时也会推荐客人选用人造的宝石代替天然宝石。一旦遇到感兴趣的客人，就跟他们聊聊开矿和生态、公平贸易的话题，这样的人对人造宝石的接受度也高。

但并非事事如此，时时如此。我的环保理念固然要叨叨，可首饰毕竟还是有其使用目的的。很大一部分客人购买戒指是求婚用的，如果女孩对于环保回收这些理念并不是特别认同和感兴趣的话，男孩因为我的道德绑架而擅自改用人造宝石，女孩要用宝石价值来丈量他的诚意，他这个求婚很有可能就凉了。

因为毕竟求婚用的戒指，大家还是会赋予它一定的意义和期待的。所以，如果不是客人自己拿着旧物来改造，我其实并不会采用“店主强烈推荐”的方式让大家用别人的旧物料改造成对自己有意义的首饰。毕竟每个人对于旧物和“人造”的接受度不同，很多人会更注重自己花钱买到的首饰是新的、宝石是天然的。

现在的市场还在一个转化期，还是没办法太强求消费者。能做的，更多的是将环保意义作为产品的一个特点去放大。每个人都有自己的生活方式，如果我把自己的旧物主张强加给别人，心意再好，也未免粗鲁。我要在中间找一个台阶，让消费者和我在中间会面，这或许会是一个更好的传递方式。我的期待值和消费者的需求是要重合的，否则会活得很累。

一个玩具

说实话，我只是在自己的专业上在全力以赴做与环保相关的事情，希望自己是不遗余力的。但生活中的我，尚且走在路上。购买日用品的时候我也会非常犹豫，一边是想买这也想买那，但另一边脑子里的“小天使”也在各种规劝。我担心自己会成为“断舍离”的一分子，不想做出错误的选择，等醒过来时却让自己羞愧和懊悔。

还有一个我暂时难以“放下”的，就是卡通。但凡是有卡通形象的东西，如卡通吊坠、毛绒玩具、礼品……我都很难做到“断舍离”。我正在努力，但也只能是在源头先特别注意一下，然后慢慢给自己加一些限定。现阶段是不让自己去购买和消费大的卡通形象设计产品。

这可能和一样特别的旧物记忆有关，可能很多人面对旧物的纠结都在成年之前就系上扣了。

小时候，我家住在父母单位分的房子里，当时经济条件不是特别好，我父母不会给我买什么玩具。记忆中，我最早的一个玩具是毛绒

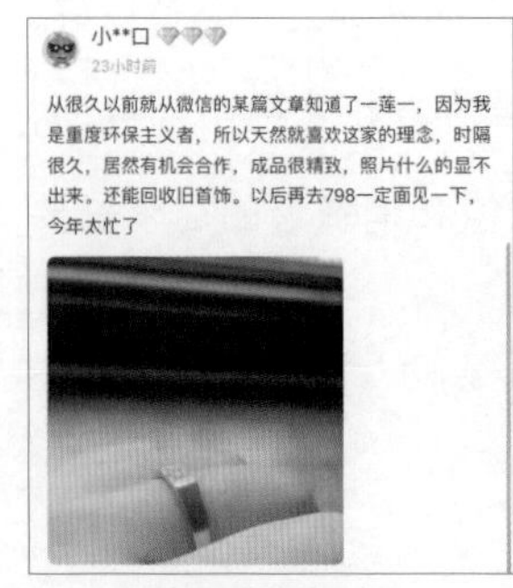
小**口
23小时前
从很久以前就从微信的某篇文章知道了一莲一，因为我是重度环保主义者，所以天然就喜欢这家的理念，时隔很久，居然有机会合作，成品很精致，照片什么的显不出来。还能回收旧首饰。以后再去798一定面见一下，今年太忙了

买家留言

买家秀

的七星瓢虫，头上有两个犄角，下面有两个小扣子。我一直都特别喜欢抱着它……后来，一个邻居家的小男孩来我家玩儿，把七星瓢虫犄角上的球揪掉了！惹得我大哭一场。可能是因为“物以稀为贵”吧。

时至今日，我面对旧物也是有双重标准的，与自己无关的，告别很利索，而如果是我自己的东西，与我有关时，我就会舍不得扔。实在必须告别的话，我会想象自己身边有一位取舍东西干净利落的朋友，然后将角色带入，自己说服自己“断舍离”。

还有一件事，我至今也印象深刻。我妈的一位好友从美国回来，带了一箱芭比娃娃给我当礼物。一个小塑料箱子里，躺了一排芭比娃娃，都不是一个牌子的，也不是一个系列的，不知道是从哪里收集的旧娃娃。我当时特别高兴，全新带包装盒的，我当时也没见过呀。后来升入高年级，开始天天忙活做奥数题，好不容易才有时间玩儿，也是跟朋友一起装成奥特曼的样子到处跑、到处闹，就不玩这些芭比娃娃了。我妈就把它们送给了她一直在资助的密云山区小朋友。

家庭的生活习惯，在我现在的日子里仍能找到影子。我现在处理旧物的方式，除了工作中利用手艺来回收改造，生活中的东西更多会选择捐赠。

一场婚礼

中学同学的婚礼一场接一场，每次婚宴上比比皆是的大鱼大肉、费钱费力搭建的舞台、用完就扔的一捧捧鲜花、特别定制的一次性用品……那排场带给我的，真算得上是震惊。

在大家眼里这件人生中的大事，它浪漫和气派的仪式感，要比

海蓝宝石戒指改造前后对比

这个婚礼造成了多少浪费重要很多。而在我看来，浪费的食物不该是一场郑重仪式应付出的代价，这些本应从“美好”中拿掉。

一枚婚戒，神圣的婚戒，打算戴一辈子的婚戒，它所背负的不应该是一克拉钻石背后的数以吨计的矿产废料和环境破坏。

现在很多消费者对于环保的开采方式、公平贸易下的珍贵宝石还没有充分的了解，大家基本上也没有这个需要。

没有需要的话，就没有市场。

没有市场，很多从业者就不会起念去深入拓展，毕竟大家都要混口饭吃，没有客人的生意就少有人参与。

首饰消费量实际上是很大的。至于珠宝行业的环保意识、旧物主张，我想着要先有市场再有渠道。

开一个工作室，以一个品牌的方式向大家介绍珠宝与环保的新概念，我希望影响越来越多的消费者。市场有了变化的苗头之后，总有那么一天，我会找到一个畅通的渠道，让大家了解到对环境更友好的开采方式，接受公平贸易的采买方式，大家都可以更顺畅地、在更友好的珠宝中找到自己心仪的那一款。

但首饰始终还是太单一了，串不起一个有机的生活方式。我突然意识到，我的客户里很多都是将要结婚的新人，婚礼中有吃喝、有玩乐、有花饰、有着装……比起一枚戒指，它更是一个全生活的平台，可以更丰满地承载零废弃的概念。我可以用环保的戒指带动环保的婚礼，一场婚礼的点滴细节，影响的会是在场的所有宾客，把我这点环保小心思偷偷塞到合作商家和消费者的心里。

这个社群里被影响的人，又会去影响更大的群体。大家亲力亲为做起来的环保，会让越来越多的人看到。对这一点，我特别乐观，对于环保消费的诉求会越来越多，它会成为市场的一个热点，我要抢占山头，为这个市场真正去做一些改变，这会是很有意义的事情。珠宝，它会为大家带来惊喜，而一场零废弃的婚礼也是可以为大家带来惊喜的美好。

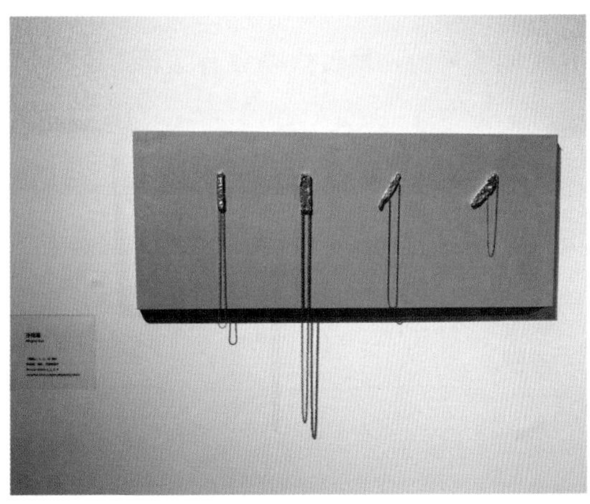

孙铭瑞作品

我的旧物告别主张：旧与新并不是钉死在墙上的产品标准

改造完成的新饰物总会被喜欢它的人领回家，我作为创造者完全不会有什么不舍。它们对于主人来说却是有特殊意义的，如果有不舍，也应该是物件和它原主人的牵绊。但我跟这个物件本身没有太多关系，在我眼里它们都是原材料。

孙小匠作品

但究竟什么是“旧”呢？

我在泰国学习的时候，从房东好友那儿收了一些蓝宝石，年代比较久远，它的“旧”因为是产自已经关闭的一个老矿。这个“旧”成了大家眼中的亮点。

曾经有人在分手之后将结婚对戒送到了我这里，我翻新之后上架售卖，也说明了来源，发现大家会有顾忌。这个“旧”成了大家心里的疙瘩。

各人、各物、各地、各时，标准都会不同。我们顾念自己所需，于是就满足了。如果我纯粹追求环保，未必就是当下最好的选择。太逆流，别人不舒服，自己也未必舒服。学着更智慧地和旧物告别，和“旧我”告别。

【番外篇】

印象最深的旧物是什么?

明信片。

我喜欢到哪儿都留下一张明信片做纪念，主要是因为它体积小，方便携带。

因为我高中之后，为了求学就会经常搬家，从美国弗吉尼亚搬到西雅图，又搬回弗吉尼亚，之后去了意大利，又搬回弗吉尼亚，再到西雅图、泰国。居无定所，什么东西都积攒不了，明信片在搬家时就不太占行李。

于是，无论我去哪个博物馆，看到特别喜欢的作品，就一定会买一张该作品的明信片。也有别人寄给我的明信片或者邀请信，但好像同样因为我总在换地方，给我寄东西的人挺少的。我每搬一个新家，我就会把它们钉一墙，搬走时再把它们都揭下来。

积攒的明信片——在西雅图的家中

积攒的明信片—— Carol Webb 是我已经过世的一位恩师。她给我寄的圣诞卡一直保留下来

现在我还存着这些明信片，它们是我的“灵感小站”，没有灵感的时候，我会盯着这些明信片回想走过的地方、从记忆中提取片段。遇到谁过生日，我也会挑一张自己比较舍得的，写下几句话寄出去。

与旧物告别，我会说：

告别，已经狠不下心了，再说话我就更舍不得了…… 我还是闭麦吧。

我今后最希望增长的“环保新技能”：

开始用手帕！虽然在工作室工作的时候我会用专门的布，但生活中我还在用纸巾。而用手帕，既浪漫又环保！

破瓷，锔起来

制心一处，无事不办

我叫李硕，祖籍山东省蓬莱市，出生在黑龙江，目前工作室在北京。

李硕

山东被公认为锔瓷发源地，过去叫潍县，就是现在的潍坊，锔瓷用的是小巧而易收纳的皮钻。除了山东，锔瓷三大派中还有河南、河北两派，也基本都是在钻上各有千秋，河南用的是弓子钻，河北则用砣钻。

如今看着锔瓷都是比较精致的活儿，其实它原本是分“细活”和“粗活”的。

细活也叫绣活，秀一秀手艺。手艺精湛，锔钉精致，修复的物件也精美，都是什么紫砂壶、白瓷杯子、青花盘子……清代有些达官贵人还会特意用“胀死牛”的法子把原本好好的一把壶给撑破了，然后再找手艺极佳的锔瓷人修复，为的就是手里得着这么一样小意趣。不仅手艺人“秀”，物主也有点“谝”的意思。

而粗活也叫常活，对象多是饭碗、和面盆、水缸等家常物件，是为了实用而做的修复。

一个水缸

我爷爷那一辈靠着锔瓷手艺闯关东，从山东到了东北。

那时候，东北农村家家都有米缸、面缸、水缸、酸菜缸。到了夏天，西瓜、香瓜、西红柿……也都是在缸里储存。那缸有多大?我们小时候玩藏猫猫，就直接蹲在缸里躲着。

有一天，邻居六大伯家的猪从圈里跑出来了，闯进屋，慌乱间把水缸撞倒，裂成了两半！我爷爷露了手艺，拿铁锔子把一口大缸给复原了。

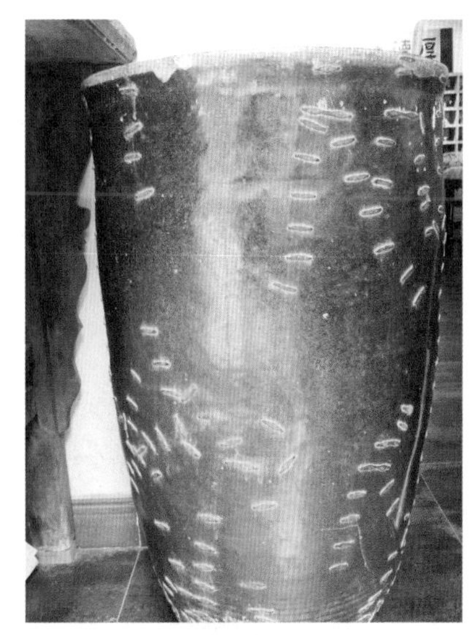
老家的锔大缸

20 世纪 80 年代起，生活水平提高了，锔瓷的生意却越来越少了。村里人不再为一个 1 毛钱买来的花边瓷碗碎了而心疼，不再想花 2 分钱把它锔上继续用。通常做法是直接花 1 毛钱再去买一个新碗就是了。

家里长辈没有按着我的脑袋学习家里这份祖传的锔瓷手艺。现如今想来，他们眼里这个落了灰的饭碗，让五六岁的我捧起来并没有什么前途。

但一个词叫“耳濡目染”。我爸的工具箱一直是吸引我的一块磁石，我尤其特别喜欢里面藏着的一把锉和一柄方锤。在没有玩具的童年时期，自己就学着大人的样儿，用这些工具做出了一把小木枪。奶奶当时嗔怪我的话，我还记得清楚：“一个大小伙子，放学回家，不是剪子、锤子，就是锉，不好好学习，你爸妈回来就得揍你！”我嘴上说不怕，心里也忐忑，瞄着他们一进家门，就赶紧把这些工具收了，老老实实写作业去。

之后，前前后后搬了三次家，我爸的锉、方锤和我的小木枪都不在了。前些年回老家，从一堆儿“破烂儿”里刨出来了我爸的工具箱，里面的工具已然不全了，箱子也烂了，我拿回家修了修，继续用着。

一团泥巴

可能是觉得看不到什么光辉的前途，家里人从没有特意让我学家传的锔瓷手艺。虽然没和瓷器打交道，但奇妙的是，我一直对泥巴情有独钟，小时候最爱玩的是泥巴，长大了一门心思选的专业是雕塑。

22 岁从专科学校毕业之前的时光，我都是在黑龙江度过的，整个童年和青少年时期都在那边。我家在一个比较偏远的半农业、半畜牧业的村子里。

我们那里黄土层特别厚，住的房子都是拿黄土抹的墙。当时小孩儿玩得最多的就是“摔泥瓜”，拿一块泥，弄成方的，抠好多眼，里边放点水，使劲往地上一摔，“啪”就漏了。那时候的玩具和快乐也挺简单的，不像现在。

我最喜欢用黄土泥捏动物，牛、羊、鹅、马……看见什么就捏什么。6 岁时，我跟着爸妈去放马，我就坐在地上捏马。有一次自己去放鹅，坐在泥坑边就用泥巴捏大鹅，结果 40 只鹅全都跑丢了。下雨天，不能出门，我猫在我和弟弟的房间里，趴在床上，拿着一坨泥巴捏啊捏，捏好的就摆到窗台上。有邻居来串门，我妈还骄傲地显摆一下，“你看看，这是我大儿子捏的。”

可有一次，我妈看到我没学习却在捏这些东西，她马上把我捏的东西拿过来放到地下，一脚踩扁了。那一瞬间，我感觉自己要打人，费尽心思做的东西，眼瞅着在别人脚下稀碎，那一秒钟我是崩溃的。

但我对捏泥巴的爱从小到大也没放下，中学毕业后，我选择了去专业院校学雕塑，我妈仍旧是不同意，说钱是留着给我结婚的，如果学雕塑这钱就没了。

一直到我毕业之后工作，有一次听到我妈感慨："看来我儿子当年的选择还是正确的，差点儿耽误了一个雕塑家。"

一个壶盖

2008 年的一天，好朋友张哥带着一肚子气来找我一吐为快，他三岁的宝贝儿子把他的宝贝紫砂壶的壶盖摔碎了。"这要搁过去，都能锔上！可现在……唉……"这句话击中了我，"我给你弄！"

当时，大家给我起外号叫"杂家李"，就是什么都能鼓捣，但对于修复茶壶盖这种手艺，张哥对我也没底，看得出他心里打鼓。别

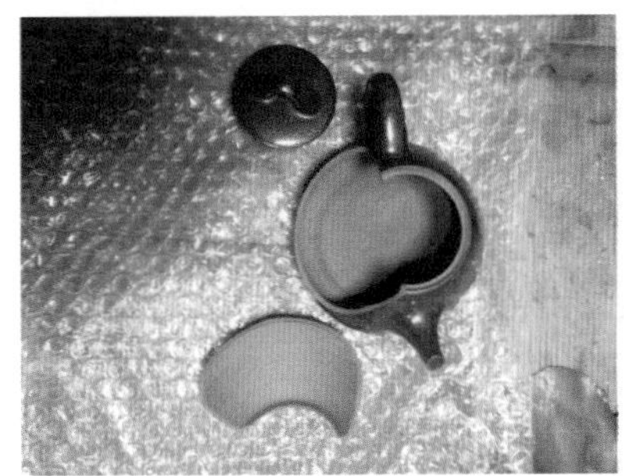

锔前

锔后 1

锔后 2

说他了，我心里也“咚咚”鼓响——这门手艺虽说是家传，但我自小基本没碰过锔瓷。我撂下大实话：反正你也是打算扔的，对吧？可一旦扔进那个箱，它就真的变成垃圾了，没扔之前它顶多叫废物，若我能锔上，算是变废为宝，若锔不上，再扔不迟。

结果，锔好了。

他没想到我真的可以做到，没想到他的宝贝紫砂壶真的没有变成垃圾。高兴得逢人便说，得机会就“晒”。更没想到的是，从此开始就有朋友的朋友带着残破瓷器慕名而来。我也开始了助人为乐的锔瓷，分文不取，算是我的业余玩乐。

就这样，锔瓷又重新回到我的生活中。渐渐地，我觉得它似乎也回到了大家的视野中。还听到有人对我说：这裂了缝的瓷器，锔过的看上去更带感。

我也开始沉下心来思量这门家传的老手艺，在当下这个时代里究竟该去该留？

锔瓷，曾经是那么实用的一种修补技术，很多出于生活实用的老手艺都随着物质丰富而消失了，若要它重新回到大家视野当中，一定有什么大家需要的东西加入进来，然后再将它们融合。

匮乏的时代，它修补的是东西。

富足的时代，它修补的是什么？

我们不再是为了使用目的而去锔一样器物，基于器物，锔钉拉合的是人与人、人与物之间的关系，是这些年忙忙碌碌而被我们放淡了的一些东西。

一份念想

学雕塑、开画廊……兜兜转转这么多年，当我重新拿起锔钉的那一刻开始，才蓦然觉得作为手艺人的我最让自己舒坦。我这个祖籍山东、生长在东北的汉子，与生俱来的急躁脾气，只有在锔瓷的时候，才能安静下来。

2013 年，我终于下定决心停了原来的营生，踏踏实实地做回手艺人。爷爷的老手艺，他曾经用来“医”物，当下我用来“医”心。

都说医者父母心，每一样破损瓷器被带进我的工作室时，我都能感受到“痛”。不是看到好东西破碎的心痛，更多的是物主和我讲述这东西怎么好，后来怎么弄坏了，谁怎么送我的……每一样瓷器，无论新旧、无论美丑，都有各自的故事。

顺义有位姓赵的老先生，拿来了 4 个瓶子，我一看这东西不算老，估计总共也不会超过 1000 元钱。我第一次问赵叔：“您确定要修吗？”他答：“修”。

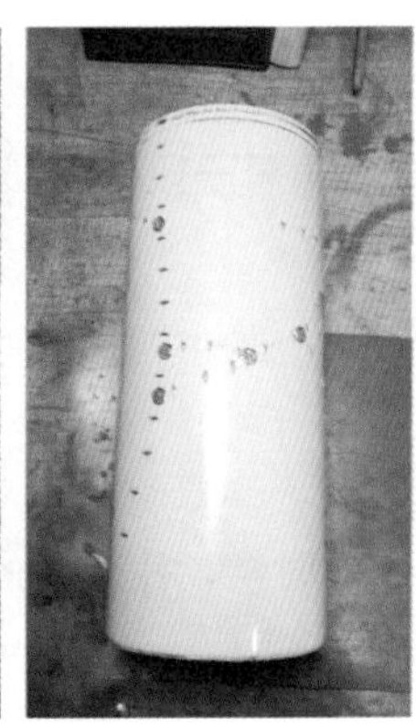
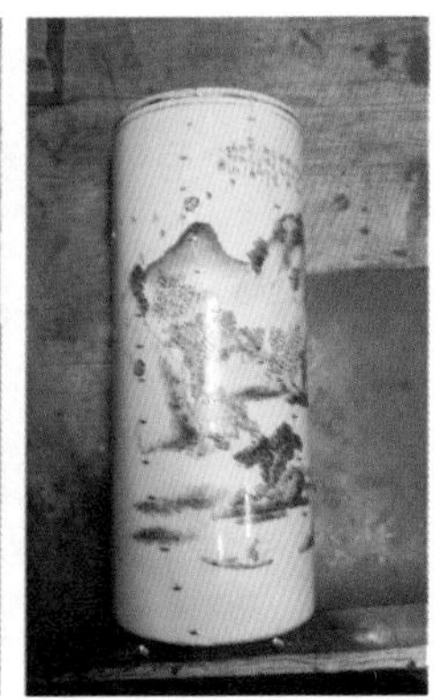

修复作品

我根据需要锔的地方，仔细估算了一下修复价格，全修下来要花 15 000 多元。我第二次问赵叔："您确定要修吗？"他答："修"。

我给赵叔打了八折，赵叔付了一半定金。

花瓶锔好了，赵叔看到之后，高兴得像个孩子，一边小心翼翼地抚摸着花瓶，一边反反复复叨咕着"太好了！太好了……"情绪平稳些，他才道出真相："你知道我为啥要修吗？这两个瓶是我奶奶的，这两个瓶是我妈妈当年的嫁妆，在我心里，这事儿和钱没关系，你帮我修好的是一份情，是一份念想。"

大家把破损瓷器拿来的时候，我能感受到他焦虑又迫切的心情，有懊悔、有自责、有期待……

我修完，再交还到他手里的时候，也能感受到他欢喜又释然的心情，我也会不自觉地跟着愉悦。

这一喜一忧之间，有我诚心诚意的修补，这是令我最喜悦的。

我每天看着自己锔好的作品被带走，就像嫁女儿一样，当爹的是什么心情？感觉被掏空啊。但活着，这些能换回柴米油盐糊口，总是要送走的。真遇上实在舍不得的，我就想了一招——修好后，拍照发给物主，然后斩钉截铁地表示"我少收点钱，你把这东西放我这摆一个月就行，让我再看一段时间。"

一个锔钉

赋予它第二次生命的时候，我想要的不仅是完整，我希望它更加璀璨，不是我不动脑子地打上几个钉子，把瓷片锔在一起就完事了。

修复作品

内胆

破了的瓷器，打了补丁还美吗？锔上了一个个钉还能越看越顺眼吗？

小小锔钉，学问深了。

不仅仅因为安全性，要把钉做得格外细致。锔钉的尺寸也内藏乾坤。

有个老方法是“任你千壶来，我只一钉去。”这显然是不行的，如今锔瓷已经不再是用钉锔一锔，只要能继续喝水、吃饭、盛菜就行。不漏不再是主要实用目的，更多的是希望在把玩、陈设上感受到观赏美。我研究了很多历史资料，中华文明自古以来的建筑、器物，稳定的审美比例大约是 1:1.6。而经我手的瓷器，竖向的多一些，考虑到视错觉，就将我的锔钉、钉距等细节的基本参考比例定在了 1:1.5。

而每一次用到的锔钉也不尽相同，要根据每件器物本身比例特制。比如，瓷器宽高比值是 0.5，那我做出的锔钉比值也是 0.5。而钉的长度与钉距的比例就参照黄金分割比——1:0.618。

所有这些数字，不怕公布，只要有人想知道，我就会告诉他。都说“教会徒弟，饿死师傅”但我有二十多年的艺术从业经验做铺垫，我后面还会继续不断地学习。要饿死，谈何容易？更何况，后来者比我牛了、比我高明了，我反而高兴。只有出人头地的徒弟，没有出人头地的师傅。后浪给力，对于老手艺传承是件大好事。

“担心”完全没有必要，只要“用心”就好了。

传统的手艺和符号，不能一丢了事。但审美和需求不是一成不变的，也要与时俱进。消费主流群体已经变成“00 后”了。现在，总有大学老师联系我的工作室，组织学生们来体验感受老手艺。我也经常受邀到大学去讲授锔瓷这门传统工艺。

一朵锡花

从 2008 年锔了第一个紫砂茶壶盖一直到 2020 年申请锔瓷非遗传承人，12 年，一轮。我一直在爷爷传下来的这方小天地里探寻。

一得空，我就用手机放一些历史知识来听。里面讲到了瓯，瓯是什么样的？于是开始查资料，这个时候的我感觉特别通畅，什么都能看得进去，记得下来。

制心一处，无事不办。只要我在锔瓷这条路上静下心来笃定地走下去，平和地看待身边所有事物的发生，不急躁。我想，这条家传老路会变得更加宽阔，我也会看到更多风景。

修复东西多少是“被动”的，没什么可发挥的。我那么热爱的雕

修复中

修复后

塑，学了那么多年，做了那么多年，我心里似乎有个声音一直在捶打自己。2017 年，在探寻了很多老手艺之后，这份捶打终于找到了答案，我碰巧听闻了锡器，知道了目前中国唯一的国家级锡工艺大师赖庆国先生，了解到这是一个跟雕塑相通的手艺，我知道这正是我想要的风景。

拜师过程历时一年，我终于以诚意打动了赖庆国先生，拜在赖先生门下，开始学习锡器。学手艺，也受教于赖先生奉行的“学一行，爱一行。做一行，成一行”的教诲。

我想成的一行，是锔瓷，这个一直没抛下。我把绘画技巧、锡器手艺和锔瓷相结合，创造出了“装饰锔”。仔细观察要锔的瓷器，根据它的原有图案或意境设计出写意花鸟图案，然后把这些花鸟纹样在金属片上錾刻出来，最后比量好位置镶嵌到瓷上。这个设计和技能，为锔瓷又添彩了一样新工艺。

重新走上锔瓷这条路，我学会了倾听，学会了慢慢来。不像以前，一说什么事就立马“腾”一下蹿起来。现在的我会停 30 秒，想一想怎么做。

我的旧物告别主张：惜物

有一天，我撵走了一个客户，我很直接地告诉他："你这个东西不需要修，没必要花这个钱！花了钱，也未见得就能出什么效果。还是先这么用着吧。"

在工作

我三哥骂我太怪，活儿都送家来了，还往外推。

我主张，能锔的锔，没必要锔的就不折腾，让人家花那钱干吗？还能用的，就继续用着，吃一堑、长一智，今后使用或把玩时自然会引以为戒更加小心。

一个杯子磕掉了一点小边，就被人拿来说要包口烫嘴儿什么的，也不知道他是哪儿听说的这些。有很多消费者因为外行，容易被误导，我通常会给他提出三个解决方案任其选择——最实用的；相对实用又好看的；不实用却最好看的。

我是个靠锔瓷手艺挣钱生活的人，但也不会为了挣钱，就昧了良心。想来有"知止"二字，知道什么东西该扔，什么东西不该扔，知道什么钱该花，什么钱不该花，什么话该说，什么话不该说。而作为手艺人，我要知道什么可以修，什么是没必要修的，这个度在哪儿？我心里明了，自然也希望客人明了，别被人一"忽悠"，一怂恿，就不知道这个度该停在哪了。随意消费，随手丢弃，失了分寸。

【番外篇】

印象最深的旧物是什么？

秋裤。

小时候，我是空膛穿棉裤的，因为那时的我没有秋裤。我的第一条秋裤是我妈用她的秋裤改的，蓝色的，已经洗得发白了，缝满了各种颜色的补丁，就像迷彩裤。我穿小了，弟弟接着穿，我妈也会接着补，只要能补上就接着穿。

我们家就我和我弟俩孩子，还算稍微宽裕些。邻居家有5个孩子，等衣服、裤子穿到老幺时，都已经厚得跟盔甲似的了。

老话讲，笑破不笑补。破了，露着洞出门就是“懒”，补上了就没人笑话了，因为你勤俭。现在颠倒了，好裤子反而要特意弄些大窟窿小眼儿的。

小时候，我穿的袜子也没有一双是新的，全都是补丁。每到下雨天，我妈不能出门干活时，就坐在屋里把所有洗干净的袜子拿出来一只接一只地补。最后，我不得不向我妈反映说，这袜子穿着太硌脚了！

那时候年纪小，我不太理解我妈为什么要这样，只是老听她唠叨一句话：新三年，旧三年，缝缝补补又三年。

能补的、能用的，她肯定不会扔掉，变着法地用到最后。如今知道了两个词：物尽其用，勤俭持家。用在我妈身上，再贴切不过了。

与旧物告别，我会说：

希望你永远是这个样子。

我今后最希望增长的“环保新技能”：

在生活和工作中都实实在在养成环保习惯。

捡拾一个家

诗意本就不在教科书里

旧物

新主张

我叫Jing，山东人，是个半年住南方、半年住北方的“流浪汉”。

Jing

我大学学的专业是服装设计，所以一毕业就立马背上我的小书包，飞向了“设计之都”深圳，壮志雄心地遥望自己在设计方面将有一番作为。

结果现在就捡“破烂儿”了。

不是不得已，好多事情都是“基因”使然。看到那些“破烂儿”，就觉得都是可以再利用的，还能把它创造出更好的样子，可以让它更长久地伴随在我的生活中。虽说，我从小就很喜欢动手，但也仅限于“小手工”这个范畴，从小到大也没有做过粗重的体力活。

现在，怎么就变成一个“搬砖”的了?

一个预言

2012年，大家都在议论玛雅预言，开始关注地球环境，各行各业都开始围绕“环保”这个热门话题去做一些产品的开发和设计。我当时所在的服装公司也紧紧跟上“环保”主题，从材料和款式上设计开发了系列服装。

因为工作需要，我不断找资料、查数据、看纪录片……去探究

木板改造后

红酒箱改造

环保，不知不觉触碰到了更深层的内容，看到它原本的模样。我恍然大悟，自己在做的产品开发虽然贴着环保标签，但真正想要达成的目的却是刺激顾客掏钱购买。我们无论怎么翻腾，仍旧陷在一个消费主义的世界里，按照这张牌桌上的游戏规则在做事，抓住任何一个热门话题去制造新的购物理由。这样的我，无论以什么理由、举什么大旗，都仅仅是为了创造经济价值，不是为了达成环保。

蒙眼打拼，我可以很努力，一旦望见真相，我再努力也做不到视若无睹。作为一名部门负责人，我想在自己力所能及的范围内，做一些与环保有关的事情——带领设计团队转向做一些旧物改造，把公司库存或者一些回收的服装、服饰再开发成产品。

房东要扔到垃圾桶的老式风扇

当时的库存，除了服饰，还有很多原材料。因为要紧紧抓住流行趋势，所以公司每一年都会购入一些新样板，而很多物料在后续开发中其实是没法完全消化掉的，第二年不再流行的它们没了用处，从此变成积压在库房里的废物。来年，仍旧会有新的潮流出现，仍旧会有新的样板购入。就这样，一年一年不断地购入、淘汰、再购入、再淘汰，一个消费循环，也是一个不断产生“废物”的循环。

我决定用这些库存来创造产品，大概试了一年后，结论是：在以营利为唯一目标的企业里，是没有办法达成这个项目的。当时的消费者，很难接受花钱买一样用旧物改造的产品。更何况，这些闲置原材料都是很小量的，有的也就一、二米，没有办法把它端上流水线通过批量生产来降低生产成本，投入更多手工劳动的闲置服饰改造比用新材料批量生产的服饰还贵。

介意它的旧，不接受它的贵，没有大的销量，没有可观的盈利，这个项目被停掉了。其实，这也是迄今为止旧物改造产品难于推广的两个卡点。

一张破床

虽然理解了消费者和公司的立场，但此时的我再也坐不回原来的那个设计台了。2015 年，我辞职了，想试一试，用自己的“全生活”去探索更纯粹的环保日常究竟可以是什么样的。

我在梧桐山租了一处旧屋，开始我的半隐居生活，捡拾起真正的自己。我立下一个小目标：坚决不买新东西，通过捡旧物把我的新家装修好。

深圳本身就是一个人口流动非常大的城市，梧桐山租房者众多，外来人到这里开茶室、民宿、素食馆、个性小店、艺术工作室……搬进搬出特别频繁，很多人一年就会搬一次居所，甚至有人一年搬两次。一进一出之间，有些家具就会被淘汰。我记得当时床最多，垃圾桶附近总有各种床板、床架。初到梧桐山的我，捡到最多的就是床架。

木板改造前（深圳梧桐山）

木板改造后（深圳梧桐山）

这些“废物”一旦被我看到，就有捡的冲动，脑海里会出现可以用它做什么，想着赶紧把它拿回家。转身立马去借小拖车，然后义无反顾地推着小车就去了。偶尔遇到我一个人搬不了的大件儿，就赶紧呼叫同住的一个女孩儿帮忙一起往家扛。

如今想来，当时我的心态特别奇怪。看到垃圾桶旁有可以用的旧物，眼睛就放光，像发现了宝藏似的，觉得人人都在觊觎这样东西。如果不赶紧捡回家，有可能转眼就变成别人的了。其实，那个时候住在梧桐山的人还少有这种意识，没人和我抢，那个“破烂儿”很安全。

慢慢地，身边很多人看到了我这处旧屋的“华丽转身”，也开始

旧物

新主张

在自己的空间里运用一些旧物改造。在梧桐山捡“破烂儿”，变得紧俏了。我捡回家的“破烂儿”物尽其用之后，还有一些重复款的，就拿出来和别人交换我需要的东西，或者干脆将旧物改造后的美物送给有需要的人。

只要愿意动手，材料无论新还是旧，其实是一样的，都是一个重新塑造的过程。心里抛弃掉原本附着在“物”上的标签，只把它当成原材料，就会从这里自然生长出一些想法。不是我的改造令旧物有了价值，而是旧物本身就有自己的价值。

一堆瓷砖

我租下的旧屋在一层，还有一个后院。我捡来的各种东西就囤在这个后院，一时间快要装不下了。床架、沙发、柜子……我觉得没有我捡不到的，“破烂儿”堆就是我的建材超市。每看到被丢在路边的东西，脑海里似乎就有一个声音告诉我它能变成什么，它自己想要成为什么，于是，我就先把它捡回来，等到哪一天需要某样东西时，我脑子里第一个冒出来的念头不是“买”，而是我的后院还存着一个什么东西是可以改造的。

用量最大，也是我最爱的一样原材料，就是瓷砖。这里装修改建的人挺多的，拆墙、扒砖……每一处施工项目过后，都会迅速堆起小山一样的建筑垃圾。曾经是某人精挑细选的瓷砖，当初时尚又养眼，而此时要找到完整的一片，都成了不可能完成的任务。

看到散落在垃圾堆里那些零七碎八、五颜六色的瓷片，我忽然

浴室改造前

浴室改造后

想起自己一直很喜欢的一位建筑大师高迪，他曾经用很多类似的瓷砖碎片搭建出的建筑，有点马赛克的效果。我决定参照这个风格，拼贴洗手间的墙面和厨房操作台。于是，我开始在一堆又一堆建筑垃圾里翻翻找找，慢慢捡回来很多砖头块、破瓷砖，拼贴出的效果真是令人惊喜。

2年零9个月，梧桐山的旧屋基本改造完成，我在后院攒的“物料”也慢慢全都用上了。

说实话，其实直到我界定的这个“最后”，这个旧物改造也没有完全成型。家的建造过程，也是我成长的过程。当我住进一个房子时，我只要想好了要如何改造它，它就能摇身一变全然呈现？并不是。我住在那里面，根据自己的需要，慢慢地让家“成长”。家，在我心里就是这样一个概念，它在我的不同时期，满足着我不同的生活诉求，伴随着我一起慢慢成长。我在改造它，它也在磨砺我。

如今，这处旧屋已经换了新主人。我和它告别，似乎也没有特别不舍。虽然花了那么长的时间去创建它，时间固然很宝贵，但与时间相比，生命的成长更宝贵。这段成长，我真正拥有的不是“物”，而是这番历练，和这番历练带给我的成长。我与它、我与它们相处的岁月，已经沉淀到我的身体和生命里，我对生命和价值有了新的认知。

与“物”告别，毫不迟疑地转身离开，带着自己的“心”去过接下来的生活。

一堵围墙

我回到了山东老家，这里也有一处旧屋等着我，是我童年成长的地方。

全家人搬去了城里住，我一个人却从热闹的大都市回到了老家的旧屋，每天鼓捣各种“破烂儿”。村里的左邻右舍不知道我在弄什么，觉得我是个怪丫头。搞得我刚回到村里时都不太敢出门，遛弯时也是望着天，尽量避开大家的眼神。

这里和梧桐山不同。梧桐山是城市化的山居，那里人的消费意识也是城市化的，不断买，不断扔。而在这个默默无闻的滨海小村，捡到家具的机会很渺茫。因为村里没有人会扔“正经”东西，你想捡也捡不到，只能偶尔捡到一些破砖烂瓦。

没有“破烂儿”可捡的时候，仍旧固执地坚持“旧物改造”，为此苦恼，甚至特意募集垃圾来填充这个空间，这是一种矫情，是我不乐于做的“环保”。

山东旧门窗拼凑的围墙

旧物改造也要因地制宜。在梧桐山，我消纳别人扔出来的。而在这里，我尝试自己不会扔出去。这次旧屋改造，从源头力行，在自己家的很多旧物成为垃圾之前，先赋予它一些新的设计和美感，赋予它一些延续的意义。

闲置了 30 年的旧屋，木窗木门已经风化，起不到遮风挡雨的作用了。我很喜欢原有木窗的风格，舍不得丢弃，拆下来，把窗框和门框全部整理、切片，拼成了客厅的墙围，是我很喜欢的风格。不同的旧门窗有不同的故事，我特意保留了原有的颜色和被时间雕饰过的痕迹，因为我想知道这一块木头的颜色出自哪一扇门的风骨。

这里，还留着 30 年前的瓷砖、还留着一张我儿时睡过的双人床，还留着一张姥姥年轻时用过的桌子，还有沙发、碗柜……很多

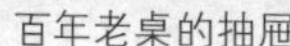

百年老桌的抽屉

阳光里的百年老桌

都已经快散架了，我得空就一样一样地钉钉凿凿、修修补补，慢慢修缮之后都会再用起来。

看到我妈妈那一辈人，真是把东西物尽其用，哪怕破了些，也仍然要留着，因为她想着这东西的得来是多么不容易，即使当下用不上了，说不定将来还能用上。与我们相比，她们对物要格外珍惜。

一个执念

从离开被潮流裹挟的服装业，住进梧桐山，到现在回到更清静的家乡小村。这些年与旧物打交道，用旧物构建两个不同的空间，我也渐渐捡拾起了新的自己。

最开始，我想要去寻求一种纯粹的环保生活，用别人不用的，什么都不买，什么都可以改，让它们来丰盛我的生活。后来，我发现其实生活也不是这样子，“完全不消费”是一个不可能实现的标准。

我当初那样力求极致，是有一个执念在的，“我要过纯粹的环保生活，不仅要自己做到，还要把这概念传播出去”。我相信，无论别人废弃什么东西，我都可以把它改造成更美好的物品，而且要让其他人看到这份美好。

那个时候的我，除了在生活需要上完成了自己的改造之外，还会继续捡我原本并不需要的，把它牵扯到我的生活里来。因为我希望自己可以尽量多地给别人做出示范，帮助更多人看见好的生活。

看起来，确实是旧物被牵扯进了我的生活，它们因我得到了改变。如今想来，何尝不是我的生活被牵扯进了旧物的窠臼，生活和在生活中的我自己也变了模样。

就像大家说起“断舍离”，什么是好的？该入手的？该留下的？而什么又是不好的？该断舍的？该告别的？断舍离，不是脑袋一热，把所有物品都断舍到极简，等到需要时再买。在生活中真正需要，能够持续使用且使用频率高，这样的物品就是我在断舍离时也要保留的。不同的人，不同的时间，不同的境遇，会有不同的标准。又岂是我一个人、一种生活就能一概而论给出标准的？

柜子把手改造的晾衣架

我们如何在未来生活中做环保？我说“尽可能”，这个“尽可能”就是在各自的生活中做到最大限度的环保。

我当初探寻的“全生活”，现在有了新的诠释——把我自己放到这场生活里，带上我的时间、我的喜乐、我的亲朋好友……而“教育大众”不在“C位”，我不再是为了“告诉大家”而生活，我要活给自己看。

柜子把手改造的晾衣架的细节

沙发改造前

沙发改造后

我的旧物告别主张：东西无论新旧，取舍都要有“度”

惜物是对物品的最大尊重，以物尽其用的态度对待所有的物件。从最开始践行环保生活，什么都要捡，什么都舍不得丢的状态，到现在不断觉察自己的欲望，发现无论是旧物或新物，都要拥有“度”。

吧台式的餐桌——用捡来的废木板做的，巧的是竟然还捡到了四个与之相配的高凳

之前的空间，我的置物板上放了各种各样改造的东西，它像是一个小的旧物改造博物馆。当我拿到某样材料，如收集了很多旧牛仔裤或者是捡了很多砖头的时候，我就想把它们做成各种各样的我能够做到的改造。

但我渐渐发现，这并不是我真正想要的。无论购买新东西还是利用旧物，我要面对的内心“断舍离”是一样的。如果心理成长没有完成的话，面对旧物，其实还是快消时代的状态，只是从买变成了捡，从扔变成了改。我希望我的生活是丰盛的，但也是极简的，是并不相互对立的状态。丰盛是内在，我的东西多并不代表我是真正丰盛的。

我的“旧”有了改变，只捡自己实际需要的，用不上的好东西就分享给其他真正有需要的人，我不再独自吞下所有，而是希望更多人也创造一个与旧物相关的故事。当下，我发现自己其实没办法做到完全纯粹的环保，纯粹本身是不存在的，我要做的只是消除原本的那些欲望，让自己真正理智地知道自己需要什么，然后去拥有什么。

房屋改造前

房屋改造后

抽屉改造成的储物架

【番外篇】

印象最深的旧物是什么？

空间。

改造之后，梧桐山那个空间流转出去了。

一个空间就是一个家，主人特别重要，因为是共生的，共同养育的。那个空间本身是我打造的，我是这个家的灵魂，这里一砖一瓦都有我的一部分能量和精神在。当别人使用时，即使想要尽可能去延续这个空间的“意境”，但是每个人是不一样的，这个空间肯定会慢慢去承载另一位主人的风格和精神。

所以，这个空间流转给了别人，成了我人生中的一样“旧物”，它不再按照我最初的期许发展，我对这个空间和里面的东西也不会有什么难舍难分。虽然每一个小物件、大家什都是我亲手打造的，但我在这个过程中真的成长太多，所有给出去的旧物改造都转化成了我现在的能量，就在我身上，而不是在那个空间和那些旧物里。

与旧物告别，我会说：

谢谢你，感恩陪伴。

我今后最希望增长的“环保新技能”：

环保生活已经成为我的日常，所以不再去强调环保本身，而是希望自己能够体验到更多的生命智慧，顺应自然的生活。

杂物，七七八八的旧识

物因人贵，人因物雅

老汤

我叫老汤，出生在安徽。

父母都是老师，他们不会给我买任何耽误学习的东西，也不会让我玩物丧志，身边的小伙伴也极少有玩具，所以儿时的我对玩具没什么诉求。穿衣也是由着妈妈和裁缝决定，几乎所有衣服都和我妈好友家女儿的一模一样，因为每次都是两家一起去裁缝铺选样子做衣服的。那时候，我每天的娱乐就是去田里边跑来跑去，去山里摘野果子，就觉得这个世界怎么会有这么多好玩的东西！

长大后，衣服渐渐成了我的一部分，是我的武器，也是我的名字。我总会花很多时间和精力在买衣服这件事情上，每天都全力以赴地穿搭好看，有了这样一层盔甲，感觉自己也变得很有安全感和力量。我希望别人通过我的衣服而明白我是谁，看到我努力建构出来的那个我。

一个真相

打破“那个我”的是一部纪录片——《真正的成本》。看过后，衣服在我心目中的至高位置一下子崩塌了。当我看到一件衣服的制造过程中竟然有那么多的污染，有那么多的人被剥削、被压榨，甚至付出了生命，那一刻，我没有办法再用这样的东西来标榜自己了，这是我不能接受的。我决定改变我的衣橱。

衣柜里的衣服很多！因为我总能花比较低的价格买到一件穿上会很好看的衣服，不贵也就不会很珍惜，有些穿了一季就扔了，或者不再喜欢就扔了，或者根本刚买回来就发现不合适，“反正也不贵，那就扔了吧。”这些衣服，就像我生命中流水的过客。

我警告自己：不可以再像以前那样买衣服了！好像意识的开关被打开之后，不买衣服这件事情对我来说不再是一件特别痛苦的事了。慢慢地，我真的就不再买衣服了。

我的衣橱也不能永远都长一个样子，当我还是想要去获得一些新的元素时，在不买新衣服的前提下，我该怎么办呢？答案就是交换。家里有这么多的衣服，我不想简单粗暴地把它丢到垃圾桶，还是希望这些我不再需要的衣服可以交给其他有需要的人，继续把这样资源循环下去，或者送，或者用来和别人以物易物，换来我需要的。

2017 年 4 月，零活实验室开始组织线下活动，包括零废弃野餐、环保分享会、展览……每次说到“买买买”和“扔扔扔”时，大家都提出需要一个解决闲置品的渠道。大家的愿望，我的一点私心，都是需要有这样的机会换出闲置品，获得一些需要的东西。

一场试验

2018年2月，“旧物新生”应运而生，第一场活动在北京举行。798艺术园区里有一个帮助自闭症少年获取陪伴和技能的空间，因为一位朋友在那里做孩子们的烘焙老师，双方一拍即合，一个“好场地”免费提供给了我们的“好活动”。

“旧物新生”第一场活动 1

下午2点开始的活动，中午12点我和志愿者们就都到了。那里的空间特别大，四周墙壁挂了孩子们的绘画作品，中间区域为我们空了出来，摆了几张桌子，几名志愿者带来一些闲置品，零星地摆在一个空旷的大房子正中那片空旷的大桌面上，更显得少得可怜。之前从没办过，本就一直在为活动效果担忧，这下子，没底的心更忐忑不安了——会不会有人来呢?

即使来了，看到我们这样寥落的光景，会不会根本就不想参与?

1点30分，陆续有朋友来了。看到有一位还是拖着拉杆箱来的，我心里突然觉得特别安慰，想必这位是带了很多东西来的。人越来越多，放下自己的东西，再挑一些别人的东西。在这次活动之前，我和很多人也仅是微信群友，这是大家第一次见面。大家停下来互相认识，聊着各自物品的故事：该怎么用？为什么不要了？我能不能拿?这里的老师和孩子也来挑了些玩具，氛围真是出乎意料的好。

“旧物新生”第一场活动 2

我也趁着场子热，赶紧向大家介绍这个空间的故事。因为我希望一场活动，不仅是活动、物品、空间，而是让大家通过活动能感受空间存在的意义、这里的老师和孩子们在做的事情，这些物品在我们之间流转的温度……

最后东西所剩无几，留下一些实在不适合再用的就近捐赠给回收机构了。由于这是我们第一次举办闲置品交换活动，没有什么经验，关于质量、洁净程度、取舍数量都没有制定特别详细的规则，东西确实五花八门，大家挑选的也都很随意。这一次活动的经历提醒我们，在之后的活动中需要不断清晰和完善规则细节。

“旧物新生”第一场活动 3

一个标准

东西的新旧、去留，究竟如何判断？

很早读《断舍离》时我是看不下去的，特别不喜欢用数字去定义什么是简单的、极简的生活方式，每个人的情况是不一样的，每个人的标准也是不一样的，可能对某些人来讲，家里有 100 件东西就感觉非常拥挤不舒服，但是对某些人来说，可能要在 1000 件物品当中才有家的安全感。闲

旧物

置品的处理是一个非常个人的选择，不是一个我能手把手教别人去怎么做的事情。

我真正跳脱出那些教科书，是从尝试零废弃生活之后。每次取舍闲置品时，我都会问自己三个问题——

我需不需要这个东西？先确定出发点，看看是从谁的角度取舍。从自己出发，通过自问自答，帮助自己看清与物品的关系。“断舍离”不是一个简单的名词或动词，它其实是对生活的整理，是一个自我认知和定位的过程。

现在我需不需要它？这是我现在判断物品去留的一个非常关键的因素，帮我去做判断，“当下”的我需不需要。比如：我高中的时候超级喜欢买各种记事本，买回来又不舍得用，一直留到现在还是崭新的。心里挣扎一番之后，我问自己：现在用吗？回答是“不用”。2018 年，它们全被我带到了“旧物新生”活动。处理之后，我也不觉得有什么。这些本一直在我的生活中，是以前的我需要或者我觉得我需要的物品，但是当下的我是不需要的，所以我可以和它们做个告别。

未来的我会不会需要？这个可能是很多人没办法放手的一个重要原因，想着万一有一天可能就用上了。这也是我正在练习的一点，忽然意识到原来心里有那么多的“万一某一天”，我开始尝试把目光更多地放在当下。

对我来讲，“旧物新生”不只是交换这么简单，家里的生活用品都可以通过这里让它流转起来，帮它找到新主人，让它继续发光发热。

一点变化

从 2018 年第一场活动内心的忐忑开始，“旧物新生”概念就在我心中慢慢生长起来。

一场活动，拿来最多的闲置品是衣物。但我也希望每一期能有个变量，让更多人看到闲置品新的角度和领域，有一点新鲜的期待。旧物主题就定在了“衣服 +X”，厨具、玩具、书籍、户外用品等“+”得内容五花八门，出自各家的闲置品摆在一起也称得上是琳琅满目的百货商店了。

一场活动总有人放下自己的闲置品转身就走。我不希望大家只是打个招呼就离开，放下东西就走，除了带走自己需要的闲置品，大家还能带走些其他的。从单一的物物交换，到人与人的更多交流，活动上多了分享环保故事的各路达人多了深入互动交流的环节，多了旧物新生手作课堂……

一场活动，总是有人把这里当成废品堆放处。让我感受最不好的就是“旧物新生”成了垃圾场。准入门槛变得越来越高，志愿者

“旧物新生”活动现场

会严格执行几成新以上的才收、有大面积污渍的不收、有破损无法使用的不收等规定。所有的“苛刻”其实都是为了提醒大家更负责任地对待自己的物品和下一位主人，“旧物新生”并不是简单粗暴地把东西从家里剔除出去，每个人都可以通过旧物去建立人与人的温暖连接，尊重每一位群友、每一位志愿者、每一件旧物的下一任主人。

一场活动，从北京走向了更多城市。很多并不是熟人，只是偶尔看到，觉得这形式挺好，就自发在自己的小区、学校去复制“旧物新生”，从而影响了更多人。两年间，已经在 21 个城市（北京、上海、广州、深圳、成都、重庆、杭州、南京、长沙、武汉、青岛、天津、济南、大连、沈阳、苏州、西安、嘉兴、金华、郑州）“无计划”自然生长出了小分队。出乎意料，“旧物新生”成了一个金字招牌。

大连小分队

一个圈子

现在，我生活中的大部分东西都是二手的。但要说到我的“旧物新生”，一个很重要的告别是和旧关系的告别，从原来的圈子到现在的圈子。感觉刷新了一遍朋友圈。

以前，朋友大部分来自同学、同事，相对狭窄的构成，而且并不是我主动做的选择，在某个时间和空间恰好都被分到了一个班级或一个部门，然后就被划定到了这个交友圈子里。而现在这些亲密朋友是经过我自己筛选的，标准来自我价值观的建立，我在清理物品、清理生活的同时，也理清楚了自己是什么样的人，明白了这样的自己究竟想和怎样的人在一起。

一前一后，一旧一新，是被安排与主动选择的区别。我也没有刻意去告别以前的朋友，只是在自己不断成长和变化的过程中，慢慢渐行渐远了。就像一棵树的分叉，我们在不同的阶段曾经交叉过，当我们各自向上绽放和成长的时候，那个交集就又慢慢散开了。与人如此，与物告别也是如此，当你看清自己，一切都将是自然而然发生的过程。

沈阳小分队

现在的新朋友，基本都是通过环保主题的线上社群或线下活动结识的。记得第一次“旧物新生”活动，一位环保伙伴带来了自己的好朋友，结果这位好朋友成了“旧物新生”的忠实“粉丝”，几乎每次活动都来参加，而且每次都会带来自己断舍离的宝贝。“旧物新生”成了她新生活的一个切入口，知道了环保、零废弃在生活的各个方面都是可以点滴实践的。现在，她会提着篮子买菜、在家做垃圾分类、厨余用来堆肥、和大家分享二手穿搭妙招……我们也成了好朋友，虽然不会每天交心，但知道她懂我，我也懂她，偶尔聊一聊共同的生活话题。这样的关系于我而言，比以前的交友圈更有安全感和归属感。

每每看到、想到，真有这样的一个人通过一场活动接触到我们，然后一点点改变了他的生活方式，都会感动到自己。在当下不容易结交真实朋友的“虚拟”时代，通过旧物，那么多人打破电子的壁垒走到一起，面对面成为有共同话题的好友，这是多么美妙的一件事情！

一种相处

如果让我回望过去的人生，我看到的是人，不是物。

我对物品的态度在慢慢变化。我开始用一种更加认真的态度对待物品，对待生活本身，它们不只是为我服务的东西而已，我与它其实是双向的。以前的我必须要把很多东西留在身边，才有安全感，不管是衣服还是厨具或者其他，好像必须要抓住些

上海活动现场

什么，抓住后感觉它就是我的一部分了，而当我失去了这东西，我不知道缺了一角的我会变成什么样子。现在的我，断掉了牵挂在身外的那些物，里面的我仍旧很坚定、很牢固。安全感，恰恰是放手，而不是抓住。

通过闲置交换，物与物的关系延展到人与人的连接，一直是给我带来动力和能量的宝藏。这当中，物品只是一个载体，通过它搭建了两个人甚至更多人的连接。如果是妈妈为了孩子去交换一册旧绘本，这个连接里就包括了孩子与孩子、妈妈与妈妈，成了两个家庭之间的连接了。一样物品就这样开始流动，串联起人与人的连接，带着彼此的温度。

21 个小分队也基本是众人自告奋勇牵头建立的，每一点缘起都算得上是“野蛮生长”，但一个活动在各个城市流动，一个理念在人与人之间流动，生发出的连接慢慢构成了一棵枝丫繁茂的大树。有的小分队平均一个月两场“旧物新生”，有的则一年保持零纪录，我都能接受，没有硬性指标给大家，因为大家都是自愿来承担的，我希望他们按自己舒适的来做，为自己做。遇到挫败或退缩，我就说“不急，先放一放吧。”我更多能做的是陪伴，总结一份详细而标准的工作手册给他们，仍旧不知从何下手的新人，我会陪他经历这个过程，从做海报、写推文，到对接场地……带上两三次，我就抽离出来，让她独立进行。

除了在具体工作方法上的陪伴，更多是心理上的陪伴，让她知道我在这儿，无论做成什么样都没关系。浙江嘉兴的社群本身就很小，参加活动的人更少，小队长把自己妈妈、阿姨都动员来参加环保活动了，几次冷清之后她觉得很沮丧。“热闹有热闹的玩法，100 个人来参加活动，当然很热闹，但怎么去服务这 100 个人才是主办方的职责。同样地，如果只有 4 个人来参加活动，如何为这 4 个人创造难忘的体验，也是主办方要面对的挑战。”

参与人数也好，旧物数量也好，并不是越多越好，也并非少就一定简单，体验大于数字！通过一次活动能让大家“带走”什么，通过一样旧物能让大家“看到”什么，才是更重要的。

把所有旧物都抛开，究竟还是要和自己这个人好好相处。因为，“我”并不是由物品来定义的。

我的旧物告别主张：用物品联结人，用交换代替购买

以北京的“旧物新生”集会为例，每个月都会举办一次，每次平均 100 个人来参加，每个人平均带来 10 件旧物，就有 1000 件。其实他们拿来的只是很小的一部分，家里还有好多。

我一方面觉得为这么多物品找到了负责任的新去处，另一方面又想，这什么时候是个头？生怕“旧物新生”是给了大家一个安全网，怕让大家有这样的念头：买多了，闲置了也没关系，反正不会浪费。

其实，所有的回收渠道、二手平台、接手旧物的朋友都不应该是大家可以随心所欲处理无用物品的地方。大家不应因为有个可以减轻罪恶感的地方兜着，就肆意购买，甚至更加纵欲挥霍了。世界上没有一个可

老汤的环保生活展示墙

以任由大家无负担倾倒闲置品的通道，如果不能正视自己的物欲，没有整理自己的需求，那就只是换了个光鲜的旗号去满足从未改变的欲望而已。“交换”也会被操作得和“购买”一般无二，仍旧是消费主义做派。

在旧物里继续买买买、扔扔扔，在旧物里继续不知止地拿取，在旧物里继续轻视“物命”……如果是这样，那我还是在原来的旋涡里打着转，洗衣机没换，只是一缸新衣服变成了一缸旧衣服，件数没变、程序没变、水量没变，只是新旧程度变了而已。但很可能因为自己开始在旧衣服里打转了，贴上一个环保标签了，就可以理直气壮地在消费主义里兜兜转转。

快不快乐，幸不幸福，与我拥有多少物品没有关系。关键要好好对待物品，好好与人相处，好好与自己相处。

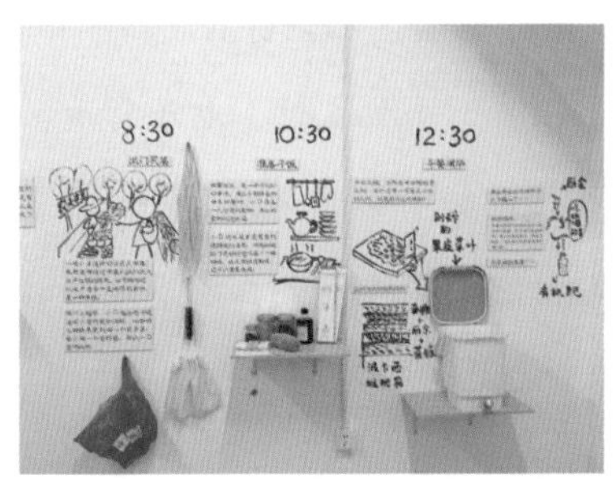

老汤的环保生活展示墙细节 1

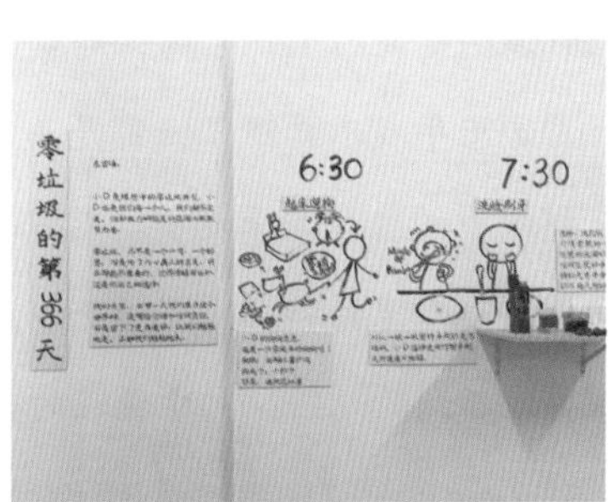

老汤的环保生活展示墙细节 2

老汤的环保生活展示墙细节 3

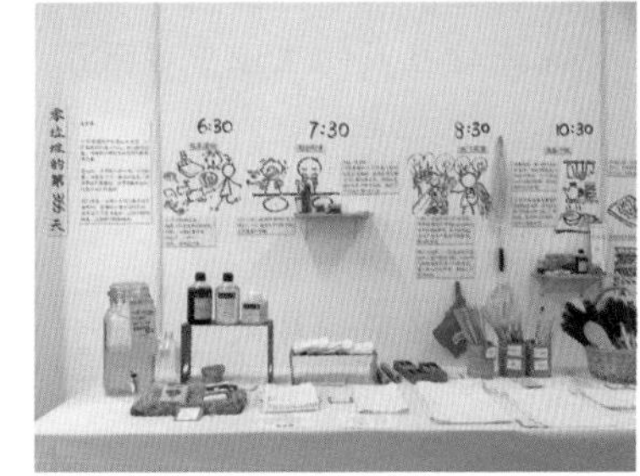

老汤的环保生活展示墙细节 4

【番外篇】

印象最深的旧物是什么?

新票。

我曾经喜欢收集新钱，跟版本、纪念都没关系，纯粹就是喜欢钞票崭新的那种感觉。它看起来那么完整，那么特别，捧在手里就像个珍贵的小宝贝。我心里只想着“千万不能把这完整破坏了”，小心翼翼地收藏起来，生怕折了一个边角、窝出一道印迹。

以前在广州工作时，每到过年之前我都需要准备“利是”，要去银行换一堆钱。不管是银行窗口还是提款机取钞，经常能提到连号的钱，尤其是过年那段时间。一提到这种连号的钞票，我就特别开心。连号的，就坚决不能再给出去了！然后取了的钱，也不能用来塞红包了，也不能花了，就留下攒起来。如果再遇到钞票上的编码是我的生日号码，那我更是不管新旧，都会留着。

这几年我不再攒了，都是用掌上银行、手机支付、电子货币，生活中碰到和用到纸币的机会越来越少。后来我把攒的钱都翻出来点了一下，很多还都是 100 面值的。心里暗暗开心了一下，决定把它们花掉！我已经不是当时的我了，这些钱再崭新到放光芒，对于现在的我来说也已经没有特殊意义了。

与旧物告别，我会说:

谢谢你在我的生命中留下了痕迹，会有下一位主人替我爱你的。

我今后最希望增长的“环保新技能”:

学习手工缝纫技术。

后记

非常感谢郑毅，你的积极推进，终于让我这个懒人动了笔，写完了我这辈子第一本书。

非常感谢书中的 12 位朋友，大家不打折扣地全力配合我，完成了采访和资料搜集工作，给力！

非常感谢我家好伦哥和秀秀（我爹妈的昵称），他们在我不知情的状况下完成了对我的“环保洗脑”，其实就连他们自己对这番作为的意义也不知情。前几年，在机缘巧合遇到环保小伙伴之前，我并不知道何谓“环保”，不剩饭菜，物尽其用，少扔垃圾，“新三年、旧三年、缝缝补补又三年”……就是我脑子里最理所应当的过日子的方式。

曾经的年代，几乎人人都是这样过的，算算也并不遥远，不过二三十年前而已。

这也是我想在收尾时传递出去的余音——

这本书里，12 位主人公，12 位如您邻里街坊一样的普通人，没有一位在大学读的是环保专业，大多数的工作也不是直接同环保有关。他们敲打着，缝纫着，拆卸着，漂洗着，烹饪着……一刻不停，组合起来就是各自欢喜的小日子。环保就是每天吃、喝、拉、撒，不算是“事儿”，更不是什么大事儿、难事儿，做就是了。

这本书里，我特意剔除了关于垃圾制造的各种统计数据，也没有谈及太多环保的定义和理论。因为环保本就不是“高”“大”“上”的，也不是有闲、有钱人扯淡时所展示出的姿态，环保早已融入每个人的日子里。不去理会那些晦涩的理论，忽略掉那些“吓人”的数据，不看那些催人泪下的图片……它仍旧在，在每个人的日子里，与收入无关、与学历无关、与职业无关，做就是了。

这本书里，没有苦行清修一样的环保挑战。每个人都在做着自己喜欢的事情，都有自己的底线。世界确实在进步，新物品层出不穷，进行着快速的更迭换代，要抓住它们就要放下手里的旧，腾出两只手去尽力抓取。有一日，你站住脚回头才发现，掰了一路，扔了一路，手里最后有几个棒子？放下和拿起，没有对错，审慎的是“量”，你究竟需要多少，又丢弃了多少？

零废弃，不是没有废，而是没有弃。产生垃圾不可避免，但丢进垃圾桶是可以避免的，这一次你来决定！

塞子

2021 年初春